제주
뮤지엄
여행

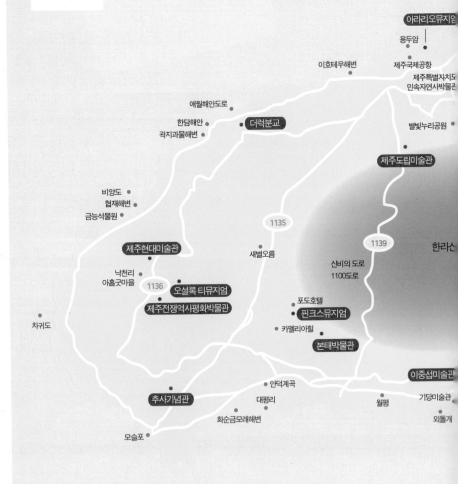

아라리오뮤지엄
용두암
이호테우해변
제주국제공항
제주특별자치도
민속자연사박물관
애월해안도로
한담해안
곽지과물해변
더럭분교
별빛누리공원
제주도립미술관
비양도
협재해변
금능석물원
1135
1139
한라산
제주현대미술관
새별오름
신비의 도로
1100도로
낙천리
아홉굿마을
1136
오설록 티뮤지엄
제주전쟁역사평화박물관
포도호텔
핀크스뮤지엄
카멜리아힐
차귀도
본태박물관
이중섭미술관
추사기념관
안덕계곡
대평리
월평
기당미술관
화순금모래해변
외돌개
모슬포
가파도
마라도

함덕서우봉 해변
서우봉
김녕 성세기해변
월정리
동복분교
북촌돌하르방공원
1132
제주박물관
제주해녀박물관
하도리
우도
제주대학교박물관
비자림
성산항
제주4.3평화공원
용눈이오름
제주돌문화공원
제주세계자연유산센터
지니어스 로사이
제주절물자연휴양림
거문오름
섭지코지
산굼부리
97
사려니숲길
1131
1118
5.16도로
김영갑갤러리두모악
표선 해비치해변
쇠소깍
왈종미술관

제 주
뮤 지 엄
여 행

제주 뮤지엄 여행

초판 1쇄 발행 2016년 9월 20일

지은이 김지연
발행인 송현옥
편집인 옥기종
펴낸곳 도서출판 더블:엔
출판등록 2011년 3월 16일 제2011-000014호

주소 서울시 강서구 마곡서1로 132, 301-901
전화 070_4306_9802
팩스 0505_137_7474
이메일 double_en@naver.com

ISBN 978-89-98294-26-7 (03980)

도서출판 더블:엔은 독자 여러분의 원고 투고를 환영합니다. '열정과 즐거움이 넘치는 책' 으로 엮고자 하는 아이디어 또는 원고가 있으신 분은 이메일 double_en@naver.com으로 출간의도와 원고 일부, 연락처 등을 보내주세요. 즐거운 마음으로 기다리고 있겠습니다.

제 주
뮤 지 엄
여 행

풍경도 예술이 되는 제주에서
... 가끔은 미술관 산책 ...

글·사진 김지연

더블:엔

오늘날 무엇이 제주를
이토록 특별한 섬으로 만들고 있는가

최근 10여 년간 제주에서 가장 주목할 만한 변화 중 하나는 인구와 경제규모에 비해 뮤지엄들이 많이 들어서고 있다는 점이다. 관광지의 떠들썩함에서 벗어난 전망 좋은 중산간지대에 유명건축가들이 설계한 미술관이 하나둘씩 들어서다가 이제는 시내 대로변에도 하나씩 자리잡기 시작했다. 농촌마을에 창작 스튜디오가 생겨나고 예술마을도 형성되고 있으며, 개성 있는 전시공간을 찾아 실험성 높은 젊은 작가들의 발길도 끊이질 않고 있다.

한때 문화·예술의 불모지이자 변방이었던 제주. 이제 예술을 품은 보물섬으로 재조명해도 충분하리만큼 예술계의 주목을 받으며 많은 미술인들을 향해 손짓하고 있다.

답답한 도시의 삶으로부터 일탈을 꿈꾸는 휴양지를 넘어, '올레길 걷기'에 이은 '제주이민'의 열풍으로 다른 삶을 꿈꾸는 자들의 이상향으로 자리잡고 있는 제주. 그 다음은 삶의 무게를 비우고 그저 시각적 포만감을 추구하는 여행에서 지적인 자극을 받고 내면을 채우는 여행이 필요하지 않을까 싶다. 발품을 팔며 꼭 찾아가야 할 뮤지엄'으로 떠나는 여행이 필요한 시점이다. 뮤지엄에서는 제주라는 공간과 그곳에 살던 사람들이 간직한 수많은 이야기를 들을 수 있기 때문이다. 또한 건물 자체의 탄생일화와 독특한 구조 역시 또 다른 즐길거리로 다가온다.

이 책에서 언급한 박물관과 미술관은 크게 세 가지 기준으로 선정되었다. 우선, 제주의 역사와 풍속사를 알 수 있는 민속문화사를 테마로 한 뮤지엄, 제주의 풍광과 어우러져 장소 특정적인 개성을 보여주는 미술관에 주목했다. 제주문화발전을 위한 하드웨어적 역할을 수행하는 공립뮤지엄들과 제주인 고유의 삶과 문화를 들여다보는 소프트웨어적 탐색을 제공하는 테마뮤지엄들이 해당된다. 두 번째로는 제주의 숨결을 받은 미술가들의 작품과 삶을 들여다볼 수 있는 뮤지엄들을 선정했다. 제주의 자연은 예술가들을 거듭나게 만든 영감의 원천이었다. 한때 유배의 섬이었던 제주에서 〈세한도〉를 완성한 추사 김정희를 비롯해 한국전쟁때 서귀포에서 왕성한 창작활동을 했던 이중섭, 제주인보다 제주의 자연을 더 사랑했던 김영갑 등 제주라는 지역을 빼놓으면 이야기할 수 없는 작

---

1 이 책에서는 박물관과 미술관의 구별없이 '뮤지엄(Museum)'으로 통칭하여 사용하고자 한다. 서구권에서는 박물관, 미술관 구별없이 뮤지엄 하나만 사용하는데, 우리나라에서 뮤지엄은 박물관도 되고 미술관으로도 번역되기 때문에 그 차이에 대해 궁금해하는 사람들이 많다. 우리나라는 일본의 영향을 받아 박물관과 미술관이 분리되어 있다. 한국과 일본에서는 근대 이전의 유물을 전시해놓은 곳을 박물관으로, 근현대미술을 전시한 곳은 미술관으로 구분지어 부르고 있다.

가들의 삶과 작품 그리고 그들을 기념하는 뮤지엄들을 다뤘다.

마지막으로, 제주 지역예술인들과 마을주민들이 이룬 문화예술마을을 별도로 조명했다. 언제부터인가 문화예술인들이 제주로 모여들어 터를 잡으면서 제주는 문화이주도시로 급부상하고 있다. 이들은 마을주민들과 함께 마을역사를 재조명하거나 공공미술 프로젝트를 협업하면서 침체된 지역에 활기를 불어넣고 있다. 길거리미술관을 방불케 하는 마을공동체에서 꾸린 공공미술을 둘러보면 제주 공공미술의 어제와 오늘 그리고 미래가 보일 것이다.

제주에 뮤지엄 짓기 열풍이 불기 시작하자 사립박물관들도 우후죽순 무분별하게 난립하게 되면서 관람객들에게 실망감도 함께 안겨주고 있는 실정이다.

이 책은 뮤지엄이라는 창을 통해 제주를 색다르게 보고자 하는 여행객들을 위한 안내서이자, 제주의 숨은 보물을 하나씩 찾아나가는 기쁨을 함께 나누고 싶은 마음에서 기획되었다. 책을 덮고 나면 이미 자연환경 자체만으로도 힐링의 공간이었던 제주가 더욱 세련되고 풍요로운 섬으로 다가올 것이다. 더불어 제주인의 삶과 정체성, 외지에서 이식된 세련된 문화를 반영하는 뮤지엄들의 존재를 통해 제주미술사는 물론 인문학적 지식이 넓고 깊게 확장될 것이다.

김지연

part 2
제주 민속문화의 원형을 찾아서

part 3
풍경이 된 뮤지엄

part 4
섬이 품은 예술가들

part 5
미술을 품은 마을

Part 1

기억의
저장소

아라리오
뮤지엄
제주

● 젊은 그대를 부르는 옛 기억의 손짓

도시는 유기체처럼 팽창한다. 도시 주변이 개발되면 주변부와 중심지의 관계가 역전되기 십상이다. 주변부가 화려하게 변신하면서 중심지는 구도심, 원도심으로 불리며 정체되어버린다. 제주 역시 그렇다. 현재 제주는 두 개의 도심으로 나뉘어져 있다. 하나는 제주에 새로 지은 계획도시 신제주이고 다른 하나는 제주의 오래된 원도심인 구제주로 구분된다.[2]

공항에서 남쪽으로 10여 분 거리에 있는 신제주는 아파트와 대형마트, 오피스텔, 학원 등 모든 편의시설이 집약된, 제주의 강남으로 통한다. 신제주의 동북쪽에 위치한 구제주는 현재 제주 동부권 관광지로 이동할 때 잠시 스쳐가거나 단체여행객이 관광호텔 같은 숙소를 이용할 때 들르는 정박지 역할로 국한된다. 신제주에 비해 힘이 빠진 듯한 느낌이지만 한때 구제주는 잘 나가던 중심지였다. 해외여행이 활성화되지 않아 제주가 신혼여행지로 각광받던 시절에는 유명 호텔이나 편의시설이 모두 구제주에 몰려 있었다. 그중 탑동은 공항과 가까운 데다 건물 어디에서나 바다가 보이고 괜찮은 식당들도 많아 서울 명동처럼 최번화가였다.

하지만 제주 도청과 상권이 모두 신도심으로 옮겨간 뒤 이곳은 활력 없는 구도심으로 전락해버렸다. 대부분의 지방도시가 그렇듯 제주 원도심도 특징없는 붕어빵 같은 공간이 되고 기억의 장소들이 하나둘씩 사라지고 있던 참이었다. 이마트 탑동지점과 가끔 야외공연이 펼쳐지는 탑동광장을 빼고는 주민들의 발길조차 뜸했던 이 지역에 활기를 불어넣어준 사건이 생겼다. 2014년부터 아라리오뮤지엄이 하나씩 문을 열기 시작한 것이다.

천안을 필두로 서울, 중국 상하이에 지점을 둔 아라리오뮤지엄. 김창일 회장은 제주 시내의 영화관, 모텔 등 버려진 상업용 건물들을 인수하여 리모델링한 뒤 전시공간 네 곳을 오픈했다.

부동산사업가에서 ㈜아라리오의 설립자로 변모한 김창일 회장은 씨킴(Ci Kim)이라는 이름으로 작품활동을 하는 화가이자, 세계 100대 미술 컬렉터다. 그는 1978년 스물여덟 살에 동양화가 남농 허건의 작품을 산 뒤 무언가에 홀린 듯이 미술품 컬렉션에 눈을 뜨기 시작했다. 전문적인 미술교육을 받지는 않았지만 2000년대 초 영

---

2 제주시 원도심은 제주시 일도1동, 이도1동, 삼도2동, 건입동, 용담1동 등 5개 동을 포함한다. 원도심 5개 동은 제주시 19개 동 가운데 가장 급속하게 쇠퇴하고 있는 지역이다.

국의 yBa작가들[3]의 작품을 수집하면서 주목을 받은 그는 중국 현대미술 작가들과 우리나라 젊은 작가들을 후원하고 작품을 수집했다. 흔히 재벌가들의 컬렉션 양상이 이미 국제적으로 검증받고 미술사적으로도 인정받아 상한가를 치는 대가들의 작품이 대부분이라면 김창일 회장은 동시대에 주목받는 새로운 작품들 위주로 수집했다. 그것도 성에 차지 않아 2002년에 천안 시외버스터미널 곁에 갤러리 건물을 지어 조각광장을 만든 이후 무한증식해왔다.

김창일 회장의 제주 행보는 최근의 일이 아니다. 그는 제주를 '지정학적으로나 문화적으로 홍콩이나 싱가포르처럼 경쟁력을 갖춘 곳'으로 보고 2006년 제주 하도리에 아라리오 창작 스튜디오를 오픈해 전속 작가들을 후원해왔다. 이후 제주가 점차 중국자본을 위시한 외지인들의 투기장으로 변질되어 가는 것을 누구보다도 안타깝게 여겼다. 특히 최근 몇 년 사이 제주 시내의 상업시설이 족족 중국인 소유로 넘어가는 것을 보다 못한 그는 버려진 건물들을 인수해 문화공간으로 되살려 도민들에게 돌려준 것이다.

아라리오뮤지엄들의 공통점은 기존 건물의 원형을 유지해 그것들이 지닌 '역사적인 가치'를 최대한 살려두고 있다는 점이다. 2015년에는 등록문화재 제586호로 지정된 한국 현대건축사의 거장 고

---

3 young British artists의 줄임말로, 1980년대 말 이후 나타난 젊은 영국 미술가들을 지칭한다. 이들은 1980년대 후반부터 90년대 초반까지 현대미술에 상당한 충격을 준 것으로 평가받고 있다.

김수근(1931~1986)이 설계한 공간사옥이 경영난에 처하자 이를 매입해 신개념의 미술관으로 재탄생시켰다. 아라리오뮤지엄 제주의 원래 건물은 역사적으로 가치있는 곳은 아니지만 한때 지역민들의 소소한 일상이 이어졌던 곳이다. 여기에 현대미술의 '문화적 가치'를 더하면서 과거와 현재가 얽히며 교차하는 특색 있는 문화 공간이 탄생했다.

제주공항에 도착해서 애월해안도로 쪽이 아닌 동부지역으로 여행한다면, 탑동이나 산지천 쪽에 있는 아라리오뮤지엄을 두어 군데 들를 것을 제안한다. 본격적인 여행에 앞서, 제주에서 가장 세련된 공간에서 전 세계 유명작가들의 개성 넘치는 현대미술작품을 보며 워밍업하는 것은 어떨까. 더불어 탑동시네마나 동문모텔을 기억하고 추억하는 제주도민이라면 꼭 방문해보길 권한다.

● 탑동시네마 / 탑동바이크샵

탑동을 떠돌던 그때 그 청춘들은 어디에

30여 년 전 여름, 당시 고등학생이었던 나는 성문기본영어와 수학 정석, 그리고 간단한 옷가지 등이 담긴 배낭을 메고 제주에 입도했다. 여름방학을 맞아 번잡한 속세(?)를 떠나 제주 외삼촌댁에 한 달간 머물며 공부에 전념한다는 비장한 각오로 공항 게이트를 나섰던 것 같다. 실상은 이모댁에 놀러갔다가 같은 학년이었던 사촌

오빠의 계획을 듣고 충동적으로 결정하여 껌처럼 들러붙어 온 것인데, 대의명분만큼은 원대했던 것 같다.

구제주가 그냥 제주시였고 도심에 간간이 초가지붕이 보였던 시절. 도둑, 대문, 거지가 없어 3무(三無)의 섬이라는 걸 증명이라도 하듯 도민들이 밤중에도 대문을 열어두고 외출했던 그 시절. 제주시 한복판이었던 외삼촌댁에서 신세를 졌던 우리는 동네 독서실 한 달 이용권을 끊고 하루 종일 공부하는 계획을 세웠다. 하지만 작심삼일, 학업계획은 오래 가지 못했다. 독서실에 뜬금없이 나타난 우리가 서울에서 온 '육짓것들' 이란 소문은 삽시간에 퍼졌다. 곧 내 또래 제주친구들이 하나둘씩 다가와 나와 사촌의 책상 주변을 서성이며 과자나 사탕 혹은 잠깐 만나자는 쪽지도 놓고 갔다.

1980년대만 하더라도 서울특별시 시민과 제주도민 사이의 체감상 경제적, 문화적 그리고 정서적 간극은 엄청났다. 그때만 해도 제주는 육지 사람들에겐 아득한 환상의 섬처럼 인식되었다. 지금은 초중고생들의 수학여행지로 각광받지만 그 시절에는 신혼여행으로나 올 수 있던 특별한 곳이었다. 나와 내 사촌에게 제주친구들의 관심이 집중된 건 자연스러운 이치였다. 명색이 도심이어서 그런지 그곳 아이들은 제주 방언을 전혀 쓰지 않았고 외양도 서울 애들과 다를 바 없었다. 외지인에 대한 호기심 말고는. 우리는 금방 말트기에 성공했고, 그해 여름 나와 사촌오빠는 공부는 거의 뒷전으로 미루고 한 달 내내 그들과 함께 제주도심을 떠돌아다녔다.

당시 남자애 한 명, 여자애 두 명과 함께 다닌 걸로 기억한다. 제주 일도, 이도, 삼도동⁴ 등지에 살았던 남녀 고등학생들은 서울에서 온 우리를 데리고 구도심 구석구석 좋은 곳으로 안내했다. 당시 제주관광산업은 절정이었고, 제주에서 세련되고 좋은 것들은 다 구도심에 몰려 있었다. 그 정점에는 이도동의 KAL호텔이 있었다. 중문 관광단지에 고급 호텔들이 지어지기 한참 전 제주 최고의 호텔은 1974년에 개장한 19층짜리 KAL호텔이었다. 지금도 구도심에서는 가장 세련되고 높은 건물인데, 1980년대 중반만 하더라도 제주시에서 엘리베이터가 오르내리던 유일한 곳이었다.

시나브로 방학이 끝나가고 나와 사촌이 제주를 떠나기 전날, 친구들은 제주에서 가장 좋은 곳이었던 KAL호텔로 우리를 안내했다. 서울보다 두서너 배 뜨거운 태양을 피해 낮엔 호텔 전망대에서 오렌지 주스를 마시며 노닥거리다 우리는 해질 무렵 발길을 돌려 탑동 부둣가로 향했다. 당시 탑동은 제주시 중앙로와 더불어 제주시민들이 몰려드는 번화가이자 젊은이들을 끌어들이는 명소였다. 내게 탑동의 '탑'은 영어의 'Top'처럼 느껴져 뭔가 세련되고 특별한 의미로 다가왔다. (예로부터 고기잡이하러 바다에 나간 남자들이 풍랑을 만나 떼로 목숨을 잃어 여자들이 돌탑을 쌓고 해마다 제를 지내

---

4 제주 탄생설화의 기원인 탐라의 개벽시조인 고을나(高乙那), 양을나(良乙那), 부을나(夫乙那)라는 삼신인이 탐라에 자리잡은 후 각각 활을 쏘아 살 곳을 정했다고 한다. 화살이 떨어진 곳곳을 일도(一徒), 이도(二徒), 삼도(三徒)라 했고, 훗날 무리 도(徒)가 마을 도(都)로 바뀌었다. 제주 원도심의 마을이름인 일도동, 이도동, 삼도동이란 명칭은 여기에서 유래됐다. 제주의 뿌리인 고ㆍ양ㆍ부 3성 시조가 태어난 곳이 제주시 이도1동에 위치한 삼성혈(三姓穴)이다.

탑동이라 불렸다는 사실을 알게 된 건 한참 후의 일이었다)

30년 전, 탑동 방파제에 오종종하게 앉아 있던, 각각 서울과 제주를 대표했던 낭창낭창한 청춘들은 어떤 꿈들을 나누고 있었을까? 내일이면 서로 헤어져야 하기에 1분 1초도 간절하고 아쉬웠던 탑동에서의 팽팽한 시간들은 지금도 유쾌한 기억으로 남아 있다. 당시 무슨 얘기를 나눴는지 자세한 내용은 기억나지 않는다. 한 가지 분명한 건 제주 청춘들은 서울 소재 대학진학을 목표로 서울행을 꿈꾸고 있었다. 그때만 해도 '사람은 서울로 보내고 말은 제주도로 보내라' 는 옛말이 진리처럼 통하던 시절이었다. 요즘은 거꾸로 서울사람들의 제주 이민이 붐을 이루고, 제주의 순유입 인구가 전국 최고수준을 이루고 있지만 말이다. 종합컨대, 우리는 대학생이 되어 꼭 서울에서 다시 만나자고 약속했다. 하지만 서울에서 대학을 다니는 게 목표였던 제주친구들은 한 명도 그 꿈을 이루지 못했고, 그해 여름 이후 몇 번의 서신교환과 전화통화를 끝으로 모두 소식이 끊겼다. 지금도 그들이 제주에 사는지 아니면 소원대로 육지행을 이뤘는지는 모른다. 하지만 그날 우리가 막연히 꿈꿨던 가까운 미래는 탑동 부둣가 바다내음처럼 풋풋하면서도 밤바다 한치잡이 어선 집어등처럼 찬란했던 걸로 기억한다. 그리고 '탑동' 이라는 지명은 그날 이후 추억의 명화 스틸컷처럼 내 청소년기의 선명한 추억으로 각인되어 있다. '상구' 와 '선영' 이라 불리던 심성 맑던 두 제주친구의 이름과 함께.

그로부터 30년 후. '탑동' 이라는 지명이 다시 한 번 특별하게 다가온 것은 그곳에 아라리오뮤지엄이 조성된다는 소식 덕분이었다. 탑동광장 바로 건너편 군데군데 유리창이 깨진 채 버려졌던 5층짜리 영화관 건물이 미술관으로 탈바꿈한 것이다. 1999년 제주 최초의 복합상영관으로 문을 열어 도민들의 발길이 끊이지 않았던 탑동시네마. 하지만 점차 곳곳에 대형 멀티플렉스 상영관들이 생겨나자 이용객의 발길이 뜸해지면서 2005년에 폐관했다. 왼편으로는 이마트와 탑동병원, 오른쪽으로는 탑동광장을 끼고 북쪽으로는 제주항이 접해 있어 유동인구가 제법 많은 이곳에 10년 가까이 방치된 건물이 있었다는 사실이 놀랍기만 하다. 2014년 10월, 이곳은 '아라리오뮤지엄 탑동시네마' 란 다소 긴 명칭으로 빨간옷을 갈아입고 이색적인 전시공간으로 재탄생했다. '탑동시네마' 라는 옛 명칭을 살려 '창조된 보존' 의 개념을 구현했다.

아라리오뮤지엄 탑동시네마는 〈바이 데스티니〉라는 제목의 ㈜아라리오의 컬렉션으로 구성되어 있다. 표를 끊고 미술관 1층 전시장에 들어서면 스위스작가 우고 론디노네의 〈유성의 어두운 흐름을 지나서(Across Dark Stream of Shooting Stars)〉(2004)를 처음 만나게 된다. 2007년 천안 아라리오갤러리에서 선보였던 이 작품은 100년 넘은 올리브 나무를 레진으로 떠서 전시장 한가운데 두고, 벽면의 스위치를 누르면 천장에서 종이로 만든 눈이 쏟아지며 한겨울의 환상적인 풍경을 연출한다. 아이들이 너무 좋아해 몇 번이고 자꾸

해달라고 졸라대는데, 전시장 지킴이들은 친절하게 '무한리필' 서비스를 해준다.

바로 옆 공간에는 크리스털 구슬로 만든 사슴가족 시리즈로 유명한 일본작가 코헤이 나와의 〈픽셀 - 밤비〉, 사회적 환경과 권력체계에 영향 받는 개인을 염소로 시각화한 중국작가 가오레이의 작품이 이웃하고 있다. 조각작품에 연필드로잉 흔적을 남기는 김인배 작가의 작품들은 신화적 상상력을 불러 일으킨다. 말끔하게 리모델링하지 않은 내부는 노출콘크리트가 그대로 드러나 있고, 군데군데 벽을 헐다 말아 마무리마저 거칠다. 특히 전시장에서 마주치게 되는 낡은 파이프와 계단, 옛 모습 그대로 간직한 타일과 '1999년 행우회 일동' 이라는 한자가 찍힌 낡은 거울은 이곳이 지금 현재와는 전혀 다른 곳이었음을 일깨워준다.

이런 뜻하지 않은 사물들과의 만남은 탑동시네마를 이용해본 적 없는 외지인에게도 노스탤지어를 선사해준다. 하물며 소싯적 영화를 보러 이곳을 드나들었던 현지인들은 지난날의 추억을 되새기며 많은 이야깃거리를 떠올릴 것 같다. 한때 4개 상영관에 793석의 관람석을 보유했던 복합상영관이었던 만큼 공간도 넉넉하고 8m 높이의 거대 전시실에 전시된 대형 설치작품들은 시각적으로도 시원스럽다. 특히 2~3층을 차지한, 인도작가 수보드 굽타(Subodth Gupta)의 〈배가 싣고 있는 것을 강은 알지 못한다〉는 전시장의 백미이자 총 길이만 20m가 넘는 대형작품이다. 인도를 상징하는 오브제들을 가득 싣고 비스듬하게 기울어져 있는 배는 아슬아슬한 느낌을 자아낸다. 이 작품 바로 앞에는 앤디 워홀의 마릴린 먼로 실크스크린 이미지가 나란히 걸려 있어 성격과 맥락이 전혀 다른 두 작품을 한자리에서 만날 수 있다.

스케일로 따지자면 중국작가 장후안의 〈영웅 No. 2〉도 빼놓을 수 없다. 100마리가 넘는 소가죽으로 만든 거대한 인물상은 키만 10m가 넘는다. 동명 일본 애니메이션 시리즈를 원작으로 한 영화 〈진격의 거인〉 실사판에 쓰인 소품처럼 보인다.

씨킴(Ci Kim) 김창일 회장의 작품도 있다. 해변에 밀려들어온 쓰레기 또는 레디메이드 오브제를 수집하고 변형해 제주의 상징물로 표현한 〈ect〉를 보면 사업가와 컬렉터를 넘어 전업작가 타이틀까지 겸비한 김 회장의 또 다른 정체성을 발견하게 된다.

지하에는 김병호 작가의 설치작업과 영상작업으로 꾸며져 있다.

지하 1층, 지상 4층에 달하는 전시장을 둘러보고 아트샵과 카페가 있는 5층으로 꼭 올라가보기를 바란다. 자연 채광이 비추는 탁 트인 창과 넓직한 카페, 기념품샵이 방문객을 반기고 있다.

5층 한켠에도 전시장이 있다. 여러 작가들의 작품이 뒤섞여 있는 다른 층과 달리 개인전이 열리는데, 독일작가 지그마르 폴케(Sigmar Polke)에 이어 윤명로, 류인의 작품이 선보였다.

특히 2001년에 조성된 탑동 테마거리와 탑동 바다가 한눈에 펼쳐지는 5층 창가는 미술관의 최고 명당이다.

아라리오뮤지엄 탑동시네마 (위)
탑동시네마 1층에 전시되어 있는, 코헤이 나와의 〈픽셀 - 밤비〉 (2014) (아래)
창 너머로 보이는 작품은 우고 론디노네의 〈유성의 어두운 흐름을 지나서〉 (2004)

수보드 굽타의 〈배가 싣고 있는 것을 강은 알지 못한다〉, 혼합재료 설치 110x2135x315cm, 2012 (위)
장후안의 〈영웅 No,2〉, 혼합재료 설치160x1070x520cm, 2009 (아래)

그동안 제주도에 미술관들이 적잖이 지어졌지만 내부에서 바다가 보이는 전망을 갖춘 미술관은 다섯 손가락 안에 꼽을 정도다. 전 세계 여느 미술관에 견주어도 손색없는 소장품과 쟁쟁한 작가들의 세련된 미술작품으로 인해 잠시 공간감을 잃었던 관람객들도 여기서만큼은 자신이 지금 어디 있는지 새삼 깨닫게 된다. 날씨에 따라 변화무쌍한 표정을 보이는 탑동 바다와 그 위를 쉴 새 없이 오르내리는 비행기들의 행렬이 여기가 제주임을 환기시켜 준다.

미술관에서 내려다보이는 탑동 테마거리는 탑동 해변을 끼고 야외공연장과 산책로, 인라인스케이트장 등이 구비된 휴식공간이다. 바다를 보면서 즐길 수 있는 바이킹을 비롯해 작은 놀이공원도 있고 여름에는 야외수영장도 개장한다. 휴일에는 가족단위 방문객들이 몰려 주차장과 해안가 도로변까지 북새통을 이룬다.

제주항과 이어진 탑동에 곧게 뻗은 방파제가 건설된 것은 불과 몇십 년 전 일이다. 이곳도 예전에는 먹거리가 풍성해 해녀들이 몰리던 소박한 어촌이었다. 썰물 때면 도민들이 해변에서 미역, 보말, 게 등 해산물을 한 망태기씩 짊어지고 나왔던 곳이다. 하지만 흑진주처럼 윤기가 돌던 먹돌들이 지천에 깔려 있던 탑동은 방파제 건설을 위한 두 차례의 매립으로 모두 옛 추억이 되고 말았다. 1970년대 이후 제주가 관광지로 본격 조성되면서 탑동은 단지 공항과 가깝다는 이유로 해안도로가 개통되었고 해안가에 콘크리트가 덮였다. 지금도 외삼촌은 매립 전 탑동 해변에 잔뜩 널려있던 보말(고둥모양의 작은 소라)과 여름이면 천연 물놀이장이 되어줄 만큼 시원한 용천수가 넘쳤던 '버렝이깍'이 없어진 걸 안타까워하신다. 원래 상업용지와 공공용지 확보를 위해 매립했던 탑동이 주민과 관광객에게 외면받고 슬럼화된 원인은 매립으로 인한 파도 피해 때문이었다. 여름철 거대한 태풍이 몰려오면 완충제 역할을 하며 파도를 막아주었던 먹돌들이 사라지고, 방파제가 물길을 가로막아 주변 건물들이 심각한 월파(越波) 피해를 입었다. 탑동시네마도 이런 연유로 한동안 폐허로 방치되었다.

아라리오뮤지엄 탑동시네마 5층 전망대에서, 해녀들의 숨비소리를 들을 수 있었던, 아름다운 먹돌 해안이었던 탑동의 옛 모습을 상상하는 일은 확실히 씁쓸한 일이다. 탑동의 과거와 현재를 돌이켜보면 자연을 거스른 인간의 탐욕으로 인해 제주섬도 한바탕 몸살을 겪었고 여전히 진행중임을 새삼 깨닫게 된다.

미술관을 나오면 잊지 말고 꼭 뒤편 건물로 향해야 한다. 아라리오뮤지엄 탑동바이크샵이 기다리고 있기 때문이다. 탑동바이크샵은 이름 그대로 예전에 바이크샵이던 공간을 미술관으로 개조한 곳이다. 건물 전면을 빨간 페인트로 칠한 탑동시네마와 달리 이곳은 건물의 골격을 살리면서 구멍 뚫린 빨간 철재로 감쌌다. 현재 제주에 오픈한 네 곳의 아라리오뮤지엄 중 가장 규모가 작다.

규모가 제일 큰 아라리오뮤지엄 탑동시네마에서 여러 작가의 작품을 두루 섭렵했다면, 이곳은 지하 1층에서 지상 3층까지 오롯이

1. 아름다운 먹돌 해안이었던 탑동의 옛 모습 (1962년) 2. 요즘의 탑동 3. 아라리오뮤지엄 탑동바이크샵 4. 탑동바이크샵 내부. '사진조각' 으로 유명한 권오상 작가의 개인전이 열렸다.

한 작가만을 집중 조명하는 공간이다. 개관전 때는 한국전위미술 1세대 작가인 김구림의 회고전이 열렸고, 뒤이어 스티로폼 조각에 사진을 이어붙인 '사진조각' 으로 유명한 권오상 작가의 개인전이 열렸다. 아직은 제주도민들보다는 여행객들에게 더 많이 알려진 아라리오뮤지엄 탑동시네마와 바이크샵이 예전처럼 도민들의 사랑을 받는 지역명소로 자리잡기를 바래본다.

● 동문모텔 I, II

몰락한 구도심에서 현대미술의 별자리 짜기

이제 탑동 사거리에서 빠져나와 중앙로를 따라 쭉 내려가보자. 길 끝에서 왼편으로 틀면 산지천이 나오고, 산지천 맞은편에는 동문 시장이 자리잡고 있다. 탑동과 중앙로, 그리고 그 사이의 샛길인 칠성로는 예전부터 '제주의 명동'으로 이름나 있던 패션골목이 다. 많은 옷가게와 포목점, 재래시장은 물론 구제주에서 가장 번화한 곳인 시청 주변은 제주도의 대학로라 불리며 맛집 골목이 형성되었다.

한국전쟁이 한창일 때 제주에는 많은 예술인들이 피난을 왔는데, 당시 칠성로의 동백다방은 각 분야 예술인들이 자주 찾던 문화공간이기도 했다. 칠성로 아케이드 오른편에는 오래된 2층 건물이 있는데 도민들은 기억 속에서 지우고 싶은 얼룩일 것이다. 지금은 패션매장이 들어서 있지만 이 건물에는 4.3때 제주에서 잔혹한 학살극을 벌인 서북청년단[5]의 사무실이 있었다.

동문시장은 광복 직후 형성된 상설시장으로, 제주시민에게 가장 사랑받는 재래시장이다. 공항에서도 가까워 나는 전부터 서울행 비행기에 오르기 직전 동문시장에 들러 옥돔, 초콜릿, 한라봉, 오

---

5 해방 직후 북조선에서 단행한 토지개혁으로 북한에서 쫓겨난 젊은이들이 결성한 극우단체. '서북'이란 평안도를 '서북지방'이라고 부른 데서 연유했다. 이승만의 '남한만의 단독정부 수립'을 지지했다.

메기떡 등을 잔뜩 사곤 했다. 은빛 찬란한 제주산 갈치나 푸른 광채가 나는 고등어 같은 생물은 그 자리에서 포장해 택배로 부치고, 남는 시간에는 근처 횟집에서 1~2만원대 저렴한 가격에 회를 푸짐하게 먹고 공항으로 출발한다. 시장에 갈 적에는 항상 외삼촌이 동행해주셨는데 시장사람들이 제주도민에게는 바가지 안 씌우고 가격도 잘 쳐주기 때문이라는 이유에서였다. 동문시장 갈 때마다 늘 동행해주신 삼촌 덕분에 나는 아직도 동문시장에 혼자 가면 뭔가 허전한 느낌이 든다. 목소리 큰 시장 아주머니들에게 제주방언으로 맞받아치며 가격흥정을 하시던 외삼촌의 모습은 이제 나의 뇌리에서 동문시장과 혼연일체의 풍경으로 자리잡았다.

동문시장에서 나와 다시 산지천으로 방향을 틀어보자. 산지천은 한라산 북쪽 해발 720m에서 발원해 제주 원도심을 흐르다 건입동 제주항을 통해 바다로 나가는 물이다. 또한 영주 10경(제주의 아름다운 풍경 10곳) 중 하나로, 제주의 상징이었다. 100년 전만 해도 지역민들에게 식수원과 빨래터, 목욕터 등 생명수를 제공해준 소중한 곳이었다. 은어, 장어 등 물고기도 많이 잡혀 아이들에게 이만한 놀이터도 없었을 것이다. 사람들이 모여드니 자연스레 상권이 형성되었고, 1960년대 산업화의 바람을 타고 이곳에 상가건물들이 들어서며 생활하수와 쓰레기가 쌓이면서 오염, 악취 등 문제가 생기자 청계천처럼 복개가 되었다. 그러다 2002년 자연형 하천으로 다시 복구가 되면서 시민들의 휴식처로 재탄생했다.

지금은 관리와 안전 문제로 철거되었지만 2015년까지만 해도 산지천 끝자락에 실물 크기의 배 한 척이 뜬금없이 놓여 있었다. 오래 전 중국 피난선 '해상호'가 산지천에 머물던 것을 기념해 중국인 관광객 유치 목적으로 재현해놓은 것이었다고 한다.

1948년 중국 국공내전이 한창일 때 피난민을 실은 80톤급 중국 범선이 인천을 거쳐 2년 동안 바다위를 떠돌았다. 마침 한국전쟁이 발발하자 완도 부근에서 미군의 폭격을 받고 제주에 정박하게 되었는데, 배에 승선했던 22명의 중국인 생존자들은 약 8년 동안 산지천에 거주하면서 꽈배기 등 중국음식을 팔며 생활했다고 한다. 지역민에게는 새로운 문물을 경험하고 낯선 세상에 눈뜨게 했던 문화적 충격이었을 것이다. 2002년 피난선 복원 당시 30억 원이나 들였다고 하는데 조잡하게 복원한 티가 역력해 미관상은 물론 주변 분위기와도 어울리지 않아 산지천의 흉물로 보였다. 시 공무원들의 안이한 탁상행정으로 인해 중국인 관광객은 물론 도민들에게 외면받고 혈세만 낭비한 셈이다. 아무런 작품성도 감흥도 없는, 한국 지자체의 저열한 수준을 보여준 황당 조형물은 그 사례만 모아도 책 한 권 분량을 훌쩍 넘길 것이다. 어쨌거나 중국인들이 들어왔다는 점을 빼놓고 한동안 이렇다 할 사건도 없이 경제적으로나 문화적으로 고인 물 같았던 이곳에 최근 획기적인 사건이 벌어졌다.

산지천에서 길 건너편 상가 밀집지역을 바라보면 빨간 건물 두 채가 서 있다. 바로 아라리오뮤지엄 동문모텔 I, II로 불리는 곳이다. 이 지역의 건물들은 모두 7,80년대에 지어진 듯 노후되었고, 도로 폭도 좁고 주차할 곳도 마땅치 않다.

2014년 가을에 개관한 아라리오뮤지엄 동문모텔 I은 산지천 맞은편 골목에 들어가 있지만 빨간 외벽으로 인해 눈에 쉽게 띈다. 성인당구장, 천막사, 페인트가게가 들어서 있는 낡고 허름한 회색조 건물이 양 옆에 들어선 까닭에 더욱 돋보인다.

5층 규모의 동문모텔 I이 들어선 골목으로 한 뼘만 들어가면 '미술관 옆 동물원' 만큼이나 뜬금없는 단란주점과 모텔 입간판이 먼저 눈에 들어온다. 이 골목 일대가 오래 전부터 뱃사람들이 머물던 숙박업소들이 밀집해 있는 유흥가였음을 알 수 있다. 그에 비하면 뮤지엄 간판은 건물 외벽 중앙에 겨우 알아볼 정도의 크기로, 그것도 영어로 쓰여 있어 아무 정보 없이 골목에 들어선 사람들은 단란주점 건물인줄 알고 들어갈 것 같다.

탑동에 있는 아라리오뮤지엄 못지않게 이곳에서도 관객들은 특이한 체험을 하게 된다. 페인트가 벗겨진 벽, 보일러, 오래된 목욕탕 타일까지 예전 모텔의 모습이 그대로 보존되어 있다. 1층 중앙 공간에는 아라리오의 소장품인 독일 신표현주의 작가 A.R. 펭크의 회화 〈독수리와 원숭이〉(1985)와 영국 작가 앤서니 곰리의 설치작품 〈우주의 신체들 I〉(2001)이 나란히 전시되어 있어 다양한 층위

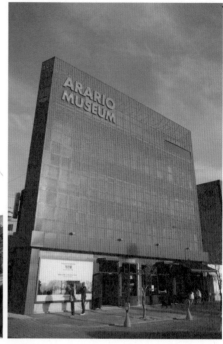

동문모텔 I   동문모텔 II

의 현대미술 작품을 만날 수 있다. 무엇보다도 이렇게 허름한 모
텔공간에서 국제적으로 명성 있는 작가들의 작품을 만날 수 있다
는 점이 아이러니컬하게 다가온다.

깔끔하게 페인트칠된 흰 벽에 조명으로 충만한 기존의 화이트 큐
브 미술관에 대한 고정관념을 이곳에선 모두 떨쳐버리는 편이 좋
다. 특히 2층 전시실은 동문모텔 개관전을 위해 작가들이 제주에
머물며 용도폐기된 옛 공간에 자신들의 상상력을 한껏 곁들여 흥
미를 돋우고 있다. 예전에 쓰던 물품을 이용해 옛 동문모텔의 흔

적들을 테마로 한 전시실로 꾸민 것이다. 특히 일본작가 아오노 후미아키가 동문모텔에서 쓰던 매트리스와 문짝, 침대 머리 등을 소재로 한〈동문모텔에서 꾼 꿈〉과 모텔에서 쓰던 수조를 이용한 한국작가 한성필의〈해녀시리즈〉가 눈길을 끈다. 예전 모텔의 일부였던 재료를 맞닥뜨릴 때 관객은 그때 그 사물들이 지금 현재 다른 방식으로 지역민들과 관계를 맺고 있음을 느끼게 된다. 지극히 일상적이고 하찮은 산업폐기물이 새로운 생명을 부여받고 재탄생한 것이다.

작가 19명의 작품 61점이 전시되어 있는데, 설치작품 위주라 최소한의 조명만 밝히고 있고 작품재료의 특성상 버려진 폐가에 온 듯한 느낌이 들어 혼자 오면 무서울 수도 있다. 게다가 탑동 아라리 오뮤지엄들과는 달리 아이를 데리고 관람하기에는 버거운 작품들로 구성되어 있다. 특히 3층은 yBa 출신으로 그로테스크하고 기괴한 설치작업으로 유명한 채프만 형제(Jake and Dinos Chapman)의 19금 작품으로 꾸며졌다. 1997년, 런던은 물론 전 세계 미술계를 뜨겁게 달군〈센세이션(sensation)〉전에서 선보여 이미 악명을 드높인 '채프만의 아이들'도 만날 수 있다. 코와 입이 생식기나 항문으로 변해 있고, 팔다리가 엉키고 상체가 서로 들러붙은 실물크기의 돌연변이 아이들이 대거 등장하는〈끔찍한 해부〉는 관객들을 불편하게 만들면서 현대문명에 대한 고발을 암시하고 있다.

1997년 런던〈센세이션〉전에서 처음 보고 큰 충격을 받았는데 지금 봐도 그렇다. 독일군의 잔혹한 살상행위를 모티프로 한 지옥도를 정교한 미니어처로 재현한 〈자본이 고장났다! 예스? 노우! 바보!〉에서는 말문이 막힐지도 모른다. 관객들이 작품들을 보고 불쾌감이나 역겨운 감정이 들었다면 작가의 의도는 성공한 것이다. 관객의 눈앞에 세기말적인 광기를 들이대는 채프만 형제는 충격과 공포도 현대미술의 일부분임을 깨닫게 해준다.

4층에서는 키스 해링의 작품과 빌 비올라의 영상작업도 엿볼 수 있고, 전시장 5층에는 한때 한라산이 보이는 옥상카페와 정원이 있었는데 지금은 또 다른 전시공간 확보를 위해 리모델링중이다.

동문모텔 I을 뒤로하고 중앙로로 나서면 북쪽으로 1분 거리에 동문모텔 II가 있다. 2015년 4월 1일 네 번째로 개관한 이곳은 제주 아라리오뮤지엄 네 곳 중 가장 맵시있고 날렵한 자태를 자랑한다. 대로와 골목길이 교차하는 지점에 약간 비스듬히 위치해 삼각형처럼 보여 독특한 외관을 지닌 이 건물의 형태는 뉴욕 맨해튼의 플랫아이언(Flatiron) 빌딩을 연상시킨다. 원래는 1975년에 지어진 대진모텔이었는데 2005년 모텔 폐업 후 방치된 건물을 그대로 살리고 리모델링해, 1층에는 커피숍과 아트숍이 들어섰고 2층부터 5층까지 4개 층 공간은 모두 전시공간으로 꾸몄다. 아라리오 바이크 숍처럼 빨간 망사형태의 철재로 본래의 건물을 가려놓았다.

이곳은 그동안 청년작가들의 전시가 목말랐던 제주에 한국 현대미술의 젊은 피를 수혈한 곳이다. 이를 증명하듯, 개관전 〈공명하는 삼각형〉에서는 영화·미술·음악 등 다양한 분야에서 활동해온 박경근, 정소영, 잠비나이, 이주영이 영상, 설치, 사운드 아트 등을 선보였다. 뒤를 이은 〈묶음〉(2015.9.19~2016.4.24)에서는 김인배, 앵클어택, 좋겠다 프로젝트 등 이름만 들어도 신선한 젊은 작가들의 다양한 작품들을 연이어 소개했다. 개중에는 오프닝 때 전시와 함께 퍼포먼스, 음악을 곁들이는 실험적인 작가들도 있어 지역민들에게 새로운 볼거리를 제공해주고 있다.

동문모텔을 나오면 건물 왼편 골목 안쪽에 유래비가 세워져 있는데, 예전 원도심의 역사를 말해준다. 동문모텔 II 인근은 바로 옛 건입동사무소가 있던 터라고 한다. 그 기원은 일제강점기로 거슬러 올라가 "1932년 마을 공회당이 들어선 뒤 야학소를 열어 문맹퇴치운동과 함께 항일정신을 일깨웠던 곳"이라고 일깨워준다. "한국전쟁시에는 군인주둔소, 피난민 수용소로 사용되었으며 2007년 10월 건입동사무소가 신축 이전되기까지 건입동사무소로 이용"되었다고 적혀 있다. 한때는 문맹퇴치의 장소였던 곳이 이제는 도민들로 하여금 현대미술의 가독성을 높이는 새로운 문화공간으로 탈바꿈했다는 사실이 의미심장하게 다가온다.

제주 방문객이라면 누구나 한 번쯤은 이러저러한 이유로 거쳐가는 제주 원도심. 그곳에 강렬한 빨강옷을 입고 새롭게 탄생한 아라리오뮤지엄들. 낙후된 구도심에 초현대미술관을 짓는다는 발상

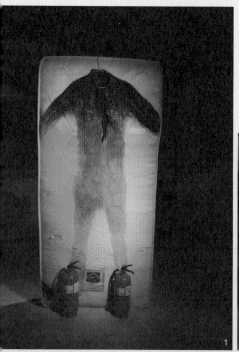

1. 아오노 후미아키의 〈동문모텔에서 꾼 꿈〉. 동문모텔을 철거하면서 나온 건축폐기물로 만든 작품이다.
2. 제이크 & 디노스 채프만의 작품 〈끔찍한 해부〉 (1996)

3. 동문모텔 I 1층 중앙 공간. A.R. 펭크의 회화 〈독수리와 원숭이〉 (1985, 좌측)와 A.R. 펭크의 〈용의 길〉 (1989, 우측)가 전시되어 있고, 앤서니 곰리의 설치작품 〈양자구름XXII〉 (2000)도 전시되어 있다.
4. 정문경의 〈우푸〉 (2011). 우리에게 친근한 곰돌이 푸우의 형상을 뒤집어 보이지 않는 내면을 드러내 소통문제를 제기한다.

은 그동안 누군가 상상은 했어도 선뜻 실행할 수 없었던 힘든 기획임에 틀림없다. 점차 제주 고유의 특색을 잃어버린 채 중국 관광객용 거리로 망가져버린 신제주 번화가와 비교해볼 때 이런 뜻 깊은 움직임들은 여전히 절실하다.

무엇보다도 아라리오뮤지엄 탑동시네마 개관전 제목인 〈바이 데스티니〉처럼, 예술과는 전혀 상관없는 삶을 살았던 한 개인이 미술작품과의 우연한 만남을 통해 자신은 물론 타 지역의 타인의 삶과 지역문화를 어떻게 바꿔놓을 수 있는지 가까운 미래가 궁금해진다. 현대미술에 대한 김창일 회장의 막연한 호기심은 지난 35년 동안 어느새 3,700여 점의 미술작품 컬렉션으로 이어졌고, '세계 100대 컬렉터'에 이름을 세 번이나 올렸다. 그는 세계적인 컬렉터로 만족하지 않고 천안, 서울, 베이징, 상하이 그리고 제주에 건물을 매입해 뮤지엄으로 탈바꿈시켰고, 자신의 컬렉션을 대중과 향유하고자 한다.

여태껏 현대미술에 대한 전시와 정보가 부족했던 제주시에 동시대 미술의 흐름을 보여주는 전시공간이 생겼다는 사실만으로도 제주미술계가 한 단계 비약하는 느낌이다. 반면 아라리오뮤지엄들에 전시된 작품들은 현대미술에 대한 배경지식이나 조예가 없으면 이해하기 힘들다. 만원대의 입장료도 미술관 문턱을 넘는 걸림돌일지 모른다. 몇 차례 다녀보니 아직까지는 지역주민들보다 젊은 관광객들에게 더 환영받는 곳인 것 같다. 그렇다면 지역주민들에게 사랑받는 뮤지엄으로 거듭나기 위한 과제는 무엇일까.

우선 현대미술이 낯선 지역주민들을 위해 지속적인 교육과 워크샵을 마련해 현대미술에 대한 이해의 폭을 넓혀야 할 것이다. 또한 이 지역의 도심 환경과 잘 어울리는 테마나 소재를 사용하는 젊은 작가를 후원하고 작품을 소장하여 서울과 제주의 문화적 감성을 잇는 한편 주민들과 밀착된 결과물을 만들어내야 할 것 같다.

회색빛 제주 구도심에 영롱한 붉은빛 루비처럼 점점이 박혀 있는 4개의 아라리오뮤지엄들. 탑동에서 산지천 부근까지 아라리오뮤지엄들의 동선을 이으면 북두칠성 같은 국자 모양이 나온다. 아라리오뮤지엄이라는 북두사성이 찬란히 빛을 발하며 육지와 섬, 사람을 연결하는 새로운 북두칠성으로 완성되기를 바래본다.

♥ 탑동시네마 : 제주시 탑동로 14 (064.720.8201)
♥ 탑동바이크샵 : 제주시 탑동로 4길 6-12 (064.720.8204)
♥ 동문모텔 I : 제주시 산지로 37-5 (064.720.8202)
♥ 동문모텔 II : 제주시 산지로 23 (064.720.8203)
♥ 관람시간 : 10:00~19:00 (연중무휴였으나 2016년 7월 1일부터 매주 월요일 휴관)
♥ 관람료 : 65세 이상 경로자 / 장애인 / 제주도민 50% 할인
탑동시네마/바이크샵 12000원 (성인), 8000원 (14~19세), 5000원 (5~13세)
동문모텔 I, II 통합권 10000원 (성인), 6000원 (14~19세), 4000원 (5~13세)

● 알면 알수록 더 머물고 싶은 곳, 제주시 건입동 산지천 일대

산지천과 동문시장이 들어선 건입동 일대는 역사박물관을 방불케한다. 김만덕기념관과 객주터, 제주 물사랑 홍보관, 금산수원지생

태원, 제주성터와 오현단, 복신미륵 등 옛 제주민의 발자취를 엿볼 수 있다. 이곳에서 2008년부터 시작된 산지천 축제는 매년 9월 첫째 주말에 열린다. 이때 가요제 및 제주칠머리당 영등굿과 함께 프리마켓도 열려 원도심 활성화에 기여하고 있다.

2015년 5월에 개관한 김만덕기념관은 대한민국 최초의 나눔문화 전시관이다. 총 3층으로 이루어진 이곳 전시관에서 의인 김만덕의 생애와 업적을 되새겨볼 수 있다.

제주 물사랑 홍보관에서는 제주 용천수, 물문화, 금산수원지 역사 등을 살펴볼 수 있다. 아이들 눈높이에 맞춰 물의 생성과정 및 물에 대한 내용을 설명하고 있으며, 체험학습도 할 수 있다.

제주4.3
평화공원

● 찬란한 절경에 드리워진 참혹한 슬픔

#기억 1

아주 어렸을 적. 내가 여섯 살 즈음이었던 것 같다. 외할아버지 제사가 있어 엄마와 함께 제주에 오래 머물렀다. 모든 것이 낯설었던 남녘의 섬 외가에서 보낸 며칠 밤. 모처럼 만난 이모들과 엄마가 마실 나가 늦도록 돌아오지 않자 어린 내가 잠 못 이루고 칭얼거렸나 보다. 한 친척분이 나를 달래주느라 그랬는지 무서운 얘기를 해주셨다. 어렴풋이 기억나는 건 모두 죽음에 관한 내용이었다. 오래 전 이 동네에서 사람이 많이 죽었다, 사람 머리가 잘려 한동안 관덕정에 매달려 있었다, 등 그날 밤에 들은 믿기 어려운 이야기들이 모두 허구인줄 알았다. 어린애한테 그런 잔혹동화(?)를 들려주신 분이 누구인지 끝내 알아내지 못했고, 그 이야기가 1948년 제주 4.3사건이란 걸 깨달은 건 오랜 세월이 지나서였다.

#기억 2

아직 서슬퍼런 5공 시절. 어려서부터 육군사관학교에 진학하는 게 꿈이었던 내 또래 이종사촌 오빠가 있었다. 고등학교에 입학하며 서서히 대입을 위한 밑그림을 그릴 무렵, 오빠가 별안간 육사를 포기했다는 얘기를 들었다. 이유를 물으니 제주 외가쪽 분들이 4.3에 연루되셨단다. 연좌제로 인해 외가에선 고위 공무원이나 경찰을 못한다고 들었다. 우수한 성적으로 1차 시험에서 붙었어도 전부 석연치 않은 이유로 면접에서 떨어졌다고 했다. 그땐 국정교과서 시절이었으니 4.3에 대해 제대로 배운 적도 없고 그게 뭔지 몰랐었다. 하지만 그때 외가에 드리워진 분단 조국의 비극과 이념의 그늘을 어렴풋이 느꼈던 것 같다.

#기억 3

1980년대 후반, 동아리방이 밀집해 있던 학생회관. 노래패 방에서 누군가 통기타 반주에 맞춰 애절하게 노래를 부른다.

> 외로운 대지의 깃발 흩날리는 이녁의 땅
> 어둠살 뚫고 피어난 피에 젖은 유채꽃이여
> 검붉은 저녁 햇살에 꽃잎 시들었어도
> 살 흐르는 세월에 그 향기 더욱 진하리
> 아! 반역의 세월이여
> 아! 통곡의 세월이여
> 아! 잠들지 않는 남도 한라산이여

그 비장한 선율에 홀려 노래패 방의 문을 열고 노래 제목을 물어봤다. 안치환 작사, 작곡 제주 4.3사건을 노래로 만든 〈잠들지 않는 남도〉였다. 동아리활동을 통해 나는 그동안 교과서에서 배울 수 없었던 제주 4.3의 실체와 비극에 대해 눈 뜨게 되었고, 〈잠들지 않는 남도〉는 한동안 나의 애창곡이 되었다.

제주시 봉개동 산 51-3번지. 잿빛 구름이 한라산을 눌러버릴 기세로 중산간 지대에 음산하게 드리웠던 어느 겨울날. 봉개동에 위치한 4.3평화공원에 처음 들어서는 나를 맞아주었던 것은 추적추적 내리던 겨울비와 까마귀떼였다. 평화공원이 조성된 봉개동은 1948년 11월 '초토화작전'으로 인해 마을 전체가 불탔던 곳이다. 인적 없는 너른 마당 앙상한 나뭇가지 위에 까마귀들이 곡을 하듯 울부짖으며 배회하고 있어 을씨년스럽기 그지없었다.

대체로 기념관이나 박물관 주차장엔 관광버스가 최소한 서너 대쯤 서 있는데 버스는커녕 지나다니는 사람 한 명 없었다. 우리 가족을 빼놓고 인적이라곤 전혀 느낄 수 없는 늦겨울, 그곳의 풍경은 거대한 공동묘지처럼 황량했다. 물사발 모양의 기념관은 주위 환경과 조화를 이루는 것 같지 않아 실망스러웠지만 일단 비를 피해 안으로 들어서야 했다.

전시실로 들어가는 길은 어두운 동굴 입구처럼 꾸며져 있는데, 어둡고 캄캄한 전시장 들머리에서 이런 목소리가 들리는 것 같다.

"당신은 한반도에서 가장 찬란하고 멋진 제주섬에서 70년 전에 무슨 일이 벌어졌는지 아시나요?"

"그 참혹한 역사적 순간을 마주볼 각오가 되셨나요?"

이제 싫든 좋든 한국 현대사의 가장 어둡고 피로 얼룩진 기억의 심연 속으로 들어가야 할 시간이다. "여기 들어오는 자, 모든 희망을 버려라"는 단테의 〈지옥〉편에 나오는 말이 절로 떠올랐다. 동굴로 들어가는 관람객들은 그동안 제주라는 관광지에서 누렸던 일말의 설렘과 즐거움을 버리고 그곳에 서린 천추의 한과 통곡의 세월을 되짚어가야 한다. 6.25와 함께 유엔이 선정한 세계 100대 비극에 선정된 4.3사건.. 28만 섬사람 가운데 3만[6]이 넘는 목숨이 스러진 대참극의 현장으로.

● 제주, 1945~1954

제주 4.3은 1948년 4월 3일 하루만을 지칭하지 않는다. 〈제주 4.3 사건 진상보고서〉에 따르면, "1947년 3월 1일 경찰의 발포사건을 기점으로 하여" "1954년 9월 21일 한라산 금족지역이 전면개방될 때까지" 벌어진 7년 7개월을 가리킨다.

전시장에 들어서면 1945년 제주도에서의 일본군 항복 조인식과

---

6 4.3특별법에 의한 조사결과 사망자만 1만 245명으로 집계되었지만, 〈4.3사건 진상보고서〉에 따르면 아직 신고되지 않은 건수를 포함하면 당시 인명피해는 2만 5천~3만 명에 이를 것으로 추정한다.

제주도 일본군 무장해제를 기점으로 해방 후 복잡했던 국제정세와 국내의 정치적·사회적 상황을 당시 영상자료, 신문, 각종 소장품 등을 이용해 자세히 설명하고 있다. 이 모든 자료를 통해 해방 직후 국내외적으로 집약된 모순이 상징적으로 표출된 것이 4.3사건임을 알 수 있다.

1945년. 아마 비극의 씨앗은 8.15 해방 직후부터 잉태되었을 것이다. 해방의 기쁨도 잠시, 온전히 우리 힘으로 광복을 이룰 수 없었던 탓이었을까?

"본관의 지휘 하에 있는 승리에 빛나는 군대는 금일 북위 38도 이남의 조선 영토를 점령했다!" 1945년 9월 7일 맥아더 포고 제1호를 시작으로 해방 후 제주를 비롯한 3.8선 이남은 곧바로 미군의 통치 하에 들어갔다. 혹독한 일제강점기를 버티고 살아 남았다는 자체만으로 기쁨에 젖어 있던 제주도민들의 환호도 잠시, 일본군이 물러가기 무섭게 미군정이 제주를 접수했다. 그 와중에도 사람들은 새로운 조국, 희망찬 내일을 건설하기 위해 여념이 없었다. 가장 활발했던 자치기구는 몽양 여운형이 우리 민족이 한데 뭉쳐 자주적인 독립국가를 세우자며 결성한 건국준비위원회(건준). 전국적인 조직이었던 '건준'은 '인민위원회'로 이름을 바꾸고 '제주인민위원회'는 도민들의 지지를 받으며 섬의 구심체가 되었다. 인민위원회 간부들 중에는 항일운동가와 진보적인 지식인들이 많이 몸담고 있어 주민들의 신뢰가 두터웠다. 마을마다 야학을 열고 자치적으로 치안유지도 하고 해방 후 과도기적 상황에서 제주섬의 질서를 유지하고 있었다. 초기에 미군정은 인민위원회를 정부나 다름없는 조직체로 인정하며 협력관계를 유지했다.

1946년. 해방된 지 1년이 되었어도 도민들의 살림살이는 나아질 기미가 안 보이고 점점 팍팍해져 갔다. 그해 유래 없는 보리농사 대흉작에 섬을 덮친 콜레라로 인해 400명 가까운 섬사람이 죽어나가고, 설상가상으로 새로운 점령군 미군은 미곡수집령이란 명분으로 보리 공출까지 감행하면서 도민들과 갈등을 빚었다. 일제때 주민들을 괴롭히던 친일경찰들이 이제는 미군정 경찰로 변신하여 득세하는 모습도 도민들을 자극했다. 게다가 원래 하나였던 조국은 남과 북으로 갈려 서로 자신의 입맛에 맞는 단독정부를 수립하려고 획책하고 모스크바삼상회의를 계기로 좌우익은 신탁통치 찬반을 놓고 극심하게 충돌하고 있었다. 한민족은 이제껏 겪어보지 못했던 파국의 늪으로 한발 한발 빠져들어 가고 있었다.

1947년. 사건은 우연성이라는 외양을 띠고 솟아오른다. 우연히 발생했다는 사건들도 알고 보면 그 안에 이미 일어날 필연들을 구조적으로 다 갖추고 있다는 말이다. 특히 전쟁이나 대학살 같은 인간 최대의 비극은 일련의 여러 모순들이 그 사회 속에 내재되어 있다가 우리 눈앞에서 현실화되는 것뿐이다.

4.3사건의 결정적 도화선은 1947년 3월 1일, 제28주년 3.1절 기념 제주도대회였다. 당시 제주민 2만 5천~3만여 명이 오전 11시 제주 북국민학교에서 3.1절 기념행사를 열었다. 그 이전 제주에서 지하조직으로 활동하던 남로당 제주도위원회는 3.1절 행사를 계기로 "친일파 처단", "미소공동위원회 재개" 등의 구호를 외쳤다. 친일파 청산이 이루어지지 않고 남한만의 단독선거를 통해 한 나라가 두 쪽으로 갈라지려는 사태에 대한 항의였다.

시위대는 관덕정까지 이어졌는데 이때 이를 감시하던 기마경찰의 말발굽에 한 아이가 채이고 말았다. 경찰은 그냥 지나쳤고 성난 군중이 쫓아가자 이를 본 다른 경찰이 군중에게 총을 쏴서 6명이 사망했다. 희생자들 중에는 젖먹이를 안은 젊은 엄마와 초등학교 학생들도 있었다. 3.1사건의 진상규명을 외치는 제주도민들의 목소리는 점점 격앙되어 갔다. 한동안 인민위원회와 그럭저럭 잘 지냈던 미군정의 나 몰라라 하는 태도로 인해 민심은 흉흉해지고 거센 항의가 일어났다. 학생들의 동맹휴교에 이어 3월 10일에는 제주 전역에 총파업이 일어났다. 세계사에 유래 없는 민관합동 총파업이었다. 미군정은 파업원인을 '경찰발포로 도민 반감이 고조된 것을 남로당 제주조직이 선도해 증폭시켰다'고 보고 "제주도 인구 70%가 좌익 동조자"라고 기술했다. 결국 제주를 '레드 아일랜드'로 규정하고 친일경찰 출신 조병옥 경무부장과 응원경찰 421

명을 급파해 제주도민에게 갖은 테러와 고문을 자행, 3명이 숨졌다. 이때 악명높은 극우단체 서북청년단(서청)[7]도 제주로 몰려들었다. 조병옥은 이후 4.3이 본격화되자 "대한민국을 위해 제주도에 휘발유를 부어 30만 도민을 모두 태워버려야 한다"고 했다. 그것은 당시 제2차 세계대전 이후 동아시아를 대하는 미국의 대외정책이자 제주도민들을 대하는 이 땅의 위정자들의 태도였다.

그리고 운명의 1948년.. 그해에 분단의 첫 수순인 5.10 단독선거가 결정되었다. 권력욕에 사로잡힌 이승만 계열과 미군정이 남한만의 단독정부를 수립하기 위해 작성한 시나리오였다. 한반도가 영원히 두 동강 날 위험한 상황이었다. 나라가 분단되면 곧 남북 간 전쟁이 일어날 것을 예측한 제주 청년들이 먼저 들고 일어났다. 1948년 4월 3일 새벽 2시, 한라산 오름마다 횃불이 타오르면서 무장봉기가 시작되었다. "남한만의 단독정부 수립반대"와 "경찰과 서청의 추방"이란 기치 하에 350여 명의 무장대가 12개 경찰지서와 서북청년단 등 우익단체 간부의 집을 습격하면서 섬이 들끓었다. 이에 호응한 도민들은 선거 당일날 산 속으로 피신하는 등 단독선거를 보이코트한 결과, 전국에서 제주도만이 유일하게 투표 수 미달로 선거를 무산시켰다.

---

7 "서청단원들은 '4.3' 발발 이전에 500~700명이 제주에 들어와 도민들과 잦은 마찰을 빚었고, 그들의 과도한 행동이 '4.3' 발발의 한 요인으로 거론되었다." -〈제주 4.3사건 진상보고서〉 577쪽

화가 난 미군정은 4월 17일 부산에 주둔한 1개 대대를 제주에 파병하도록 명령한다. 그나마 양식 있던 진압책임자 김익렬 연대장은 무장대 총책 김달삼과 함께 평화적 해결방안을 모색하지만 이들의 노력에도 불구하고 경찰과 우익청년단의 고의적인 방화로 인한 '오라리 사건'이 발생하면서 4.3의 비극을 막을 수 있었던 평화협상이 깨지고 토벌작전이 시작된다. 1948년 8월 15일 마침내 대한민국 정부가 수립되지만 제주도민은 사상 유례없는 파국에 직면한다. 10월에는 해안선에서 5km 밖에 있는 사람은 모두 폭도로 간주하고 사살하라는 미군정의 명령이 떨어지면서 제주 전역에 계엄령이 선포되고 피바람이 불었다.

4.3사건 대부분의 희생자는 48년 11월 중순부터 49년 3월까지 벌어진 초토화 작전때 생겨났다. 게릴라들에게 피난처와 물자를 제공한다는 이유로 대한민국 군인과 경찰뿐만 아니라 서청도 민간인들을 무차별 학살했고 수만 명이 숨졌다. 현재 제주국제공항인 정뜨르비행장, 카페촌으로 각광받는 월정리 해수욕장, 함덕 서우봉 해변가가 피웅덩이로 물들었고, 성산일출봉, 서귀포 정방폭포 같은 제주의 절경도 그 당시 모두 살육터의 현장이었다. 특히 서청은 인간의 존엄성을 최대한 짓밟는 방법으로 남녀노소 가리지 않고 도륙했다. 그들의 고문과 살상방법의 잔혹성은 말과 글로 표현하기 힘든 것들이어서 총 맞고 죽은 사람들은 그나마 축복받은 것으로 여겨질 정도였다.

중산간이나 한라산으로 피신한 주민들도 무사할 수 없었다. 곶자왈 동굴 속에 겨우 몸을 숨긴 사람들은 누군가의 밀고로 발각되어 목숨을 잃었다. 노인과 어린아이가 있는데도 토벌대는 밖에서 불을 질러 굴 속 피난민들을 연기에 질식시켜 죽였다. 제주 전역에서 이런 식의 초토화 작전이 벌어졌고 당시 피해마을만 160곳이 넘는다. 쫓기던 무장대들의 우익인사에 대한 보복살해도 이뤄졌다. 1949년 6월 최후까지 무장대를 이끌었던 총사령관 이덕구가 사살되고 유격대 세력이 붕괴되면서 4.3은 일단락되었다.

하지만 1년 후 한국전쟁이 터지자 4.3사건 연루자 가운데 훈방되어 겨우 목숨을 건진 사람들도 '예비검속'을 통해 대거 희생되었다. 이때 무려 천 명이 넘는 주민들이 학살되었는데, 명분은 빨갱이들을 살려두면 북한을 도울 우려가 있다는 것이었다. 전무후무한 대량학살을 경험한 제주도민에게 '육짓것'들에 대한 공포와 적개심은 한동안 깊게 뿌리박혀 있었다. 제주민이 외지인에게 남달리 배타적이었던 습성은 하루아침에 생겨난 게 아니었다.

4.3의 광풍은 우리 외갓집도 할퀴고 지나갔다. 당시 6살이었던 큰이모는 제주시에 살았을 때 토벌대(서청으로 추정됨)의 습격을 받은 일을 지금도 생생하게 기억하신다. 무장대와 내통했다는 근거 없는 혐의를 받고 동네 장정들이 스무 명 남짓 끌려가 총살당했던 그 날, 토벌대가 마을을 급습하자 할아버지는 집안이 아닌 감귤밭 나무덤불 밑에 몸을 숨기셨다. 아니나 다를까, 토벌대는 집안을

이 잡듯이 샅샅이 뒤졌지만 할아버지를 찾지 못했고, 밭으로 발길을 돌렸다. 마침 늦가을이라 밭에는 감이며 귤이 잔뜩 떨어져 있었는데 토벌대는 이를 주워 먹는데 정신이 팔려 할아버지가 숨어 있는 나무덤불 쪽은 미처 신경을 쓰지 못했던 모양이다. 결국 수색을 단념하고 돌아가다 느닷없이 한 대원이 되돌아와 마당에 서 있던 어린 이모에게 "아버지 어디 계시니?" 하고 다정하게 묻더란다. 그때 이모가 얼떨결에 외할아버지가 웅크리고 있던 귤밭 쪽으로 고개를 돌리기만 했어도 할아버지는 그대로 저승길 행이었다. 하지만 이모는 태연하게 고개를 절레절레 흔들어 토벌대를 돌려보냈다. 할아버지는 이후 밀항선을 타고 육지로 탈출, 몇 번의 죽을 고비를 넘기고 돌아가실 때까지 부산에서 도피생활을 하셨다.

할아버지는 억세게 운 좋은 편에 속하지만, 적잖은 친척분들이 토벌대에게 학살당했다. 중산간에서 양봉업을 하시던 외할아버지 동생은 토벌대를 피해 산 속 동굴에 들어가 한동안 숨어 계셨단다. 하지만 굴에서 나와 잠깐 마을에 내려갔던 사람이 토벌대에 붙잡히면서 동굴 위치가 발각되어 학살당하셨다. 오멸 감독의 영화〈지슬〉에 나왔던 일이 우리 외가에서도 벌어졌던 것이다. 어떤 친척분 형제는 밭일 하다가 마을주민 열 명과 함께 토벌대에게 끌려갔는데 동생만 탈출에 성공, 죽을힘을 다해 산에서 내려오는데 저 멀리 산 속에서 정확히 11발의 총성이 울렸다는 이야기.. 제주에선 '한 집 건너 한 집' 꼴로 이런 사연을 지니지 않은 곳이 없다.

그나마 자신이 어떠한 최후를 맞이했는지 증언해줄 수 있는 피붙이를 남긴 피해자들은 그나마 운이 좋은 편이다. 가족과 가문 전체가 몰살당한 집도 있고 어른들은 다 죽고 어린아이 혼자 살아남은 집, 돌을 매달아 산 채로 바다에 수장시켜 시신조차 찾을 수 없어 '헛묘(유골이 없는 묘)'를 조성한 집들도 부지기수다.

인명피해 못지않게 제주인의 삶의 터전과 공동체 문화 파괴 규모도 컸다. 토벌대들의 초토화작전이 전개되면서 마을이 통째로 군인들에게 불타버린 후 영원히 복구되지 않았기 때문이다. 제주 전역을 돌다 보면 곳곳에서 '잃어버린 마을'이란 표석과 마을터를 발견할 수 있다. 곤을동, 무동이왓, 어우눌, 드르구릉 등 아름다운 옛 우리말로 불리던 잃어버린 마을이 108곳[8]에 이른다.

● 조형예술로 승화한 4.3의 비극

4.3평화기념관 안에는 영상물까지 포함해 10여 점이 넘는 예술작품이 있다. 우선 전시장 시작 무렵 동굴모양의 터널을 빠져나오자마자 '백비(비문없는 비석)'를 만나게 된다. 원형 천장의 자연광을 받고 깊은 우물바닥에 누워 있는 듯한 백비는 아직도 세상에 전면적으로 드러나지 못한 우리 현대사의 진실을 표상하는 것 같다.

---

8 제주4.3사건위원회 조사에서 '잃어버린 마을'은 84개소로 집계되었지만 제주4.3연구소는 제주시 82개소, 서귀포 26개소 등 108개소로 파악하고 있다.

제주출신 화가 강요배 화백의 〈제주도민의 5.10 (단선반대 산행)〉. 길이 17m가 넘는 대작이다. (캔버스 위 아크릴 물감)

5.10 단독선거에 반대하여 산에 오른 제주도민의 모습을 담은 파노라마식 벽화이다.

1. 백비 (비문없는 비석)

2. 4.3유적지 다랑쉬굴 특별전시관.
1948년 12월 다랑쉬마을 근처 동굴에 마을주민들이 토벌대를 피해 숨어 있었다.
군인들은 사람들이 내려오지 않자 밖에서 불을 피워 질식사시켰다.
희생자 11명 중에는 아홉 살짜리 어린이도 있었다.
1992년 4월에 다랑쉬굴이 발견되면서 사건의 전모가 밝혀졌는데,
발굴 당시의 상황을 그대로 전시관에 재현했다.

비석에는 "언젠가 이 비에 제주4.3의 이름을 새기고 일으켜 세우리라" 는 문구가 새겨져 있다. 봉기, 항쟁, 폭동, 사태, 사건 등으로 다양하게 불려온 4.3은 아직까지 적절한 역사적 이름으로 호명되고 있지 못한 것 같다. 이름 짓지 못한 역사, 엄연히 같은 동포에 의한 대량학살임에도 여전히 그 사실조차 발설하지 못하게 훼방 놓는 세력이 존재하는 나라. 그것이 4.3의 가장 큰 비극이다. 이 백비에 문자가 새겨질 날은 언제일까?

전시장 중간쯤에는 1948년 5월 10일 남한만의 단독선거를 거부하며 산에 오른 제주도민들의 모습을 담은 파노라마 형태의 대형벽화가 있다. 제주출신 화가 강요배 화백의 〈제주도민의 5.10(단선반대 산행)〉이란 작품으로, 길이만 17m가 넘는 대작이다. 일단 그림 정중앙에 눈길이 먼저 간다. 얼핏 보기엔 마을주민들이 한라산 자락으로 소풍을 온 것처럼 보이는, 맑고 밝은 색감의 목가적이고 평화로운 그림이다. 고사리 꺾는 소녀의 모습도 보이고 아기에게 젖을 물리는 아낙, 삼삼오오 모여 초원에 앉아 토론을 벌이는 청년들의 모습 등 다양한 인간 군상들이 등장한다. 하지만 등장인물들의 얼굴은 모두 굳어 있고 긴장감과 근심이 서려 있다. 그 이유는 그림 맨 좌측과 우측에서 힌트를 얻을 수 있다. 그림 왼쪽 끝에는 보초를 선 무장대의 모습이 보이고, 오른편에는 부감으로 하늘에 뜬 비행기가 선거참여를 종용하는 삐라를 뿌려대는 장면이 묘사되어 있다. 선거를 거부하기 위해 오른 한라산자락에서 평화를 맛보는 마을사람들. 그러나 그후 제주에 몰아닥칠 피바람과 자신들의 운명을 예측할 수 있는 사람은 아무도 없어 보인다. 한마디로 대학살이 본격화되기 직전, 폭풍전야의 모습을 담은 것이다.

그밖에 박재동의 〈3.1절 기념대회 발포사건〉, 이가경의 〈불타는 섬〉 등의 애니메이션 영상과 문경원 작가의 〈레드 아일랜드〉, 김창겸 작가의 〈한라산의 평화〉 등의 미디어 아트 그리고 박불똥의 〈행방불명(제주사람들)〉, 고길천의 〈죽음의 섬〉과 같은 설치미술 등 10여 점의 예술작품을 전시장에서 만날 수 있다. 각 작품들은 직설적이거나 은유적인 방법으로 관람객들의 이해를 돕고 감성에 호소하는 역할을 한다.

4.3평화기념관 내부를 둘러본 것은 전시 내용의 절반밖에 못본 것이나 다름없다. 기념관 외부 넓은 대지에 조성된 평화공원에서 야외 기념물들을 만날 수 있기 때문이다. 기념관이 4.3의 원인과 과정, 결과를 객관적으로 알리는 곳이자 이러한 비극이 다시는 일어나지 않도록 역사적 교훈을 일깨워주는 장소라면 평화공원은 희생자를 추모하고 유족들의 마음을 헤아리는 공간이다. 주변에는 개울오름, 안생이오름, 발생이오름과 한라산 자락을 끼고 있고 추모승화광장에 오르면 제주 앞바다까지 내다보여 다채로운 파노라마 풍경이 펼쳐진다.

우선 기념관 왼쪽에 직선 보도로 이어진 곳, 분화구처럼 옴팡진 공간에 위령탑이 서 있다. 주변에는 네 방위 수호기둥인 방사탑과

4.3평화기념관은 총 6관으로 구성되어 있다. 도입부분인 '역사의 동굴'(제1관)과 4.3 이전의 상황을 재구성한 '흔들리는 섬'(제2관), 4.3봉기를 다룬 '바람타는 섬'(제3관), 학살을 다룬 '불타는 섬'(제4관), 후유증과 진상규명의 경로를 다룬 '흐르는 섬'(제5관), 그리고 '새로운 시작'을 주제로 하는 6관으로 이루어져 있다.

귀천 : 제대로 장례조차 치르지 못한 영혼들을 달래기 위한 조형물이다. 희생자들을 세대별로 다섯 벌의 수의로 형상화했다.

행불자 묘비 : 행불자 3,429명의 이름과 생년월일이 표석에 새겨져 있다. 행방불명된 지역별로 나뉘어 안치되어 있다. (위)
시설 : 미로처럼 조성된 진입로를 걷다 보면 원형 눈밭으로 표현된 공간 위에 두 살배기 젖먹이 딸을 안고 죽어가는 엄마의 조각상을 만나게 된다. 진입로 벽에는 제주 전래자장가인 '웡이자장' 이 새겨져 있어 심금을 울린다. (아래)

중앙 연못도 마련되어 있다. 가해자와 피해자라는 양 극단의 대립과 갈등을 극복하고 화해와 상생으로 나아가자는 어울림의 상징으로 금속 원형의 고리가 2인상에 걸쳐져 있다. 바로 위 계단으로 오르면 귀천(歸天)이란 조형물이 있는데 4.3 당시 남녀노소를 불문하고 학살 당한 민간인들을 상징하는 다섯 개의 비석으로 되어 있다. 비석에는 어른 남녀, 청소년 남녀, 아기 등 총 5벌의 수의(壽衣)를 표현한 아이콘이 새겨져 있다.

이곳에서 계단을 따라 다시 올라가면 추모승화광장이 드러난다. 매년 4.3위령제가 열리는 곳이기도 하다. 부채 모양 제단 하단부 중심에는 위패봉안소로 통하는 출입구가 있다. 위패봉안소에는 신원이 확인된 4.3 희생자들의 신위 14,000여 기가 각 지역별, 마을별로 배치되어 있다. 이곳에 오면 광주 망월동 묘지나 로마의 판테온 신전에 온 듯한 숙연함이 절로 몸에 밴다. 명절 때가 지나 찾아가보면 방명록엔 돌아가신 분들의 후손들이 왔다간 흔적들이 가슴을 적신다. 위패봉안소를 나오면 바로 옆에 행방불명인들의 묘소도 조성되어 있다. 4.3과 예비검속 당시 사라진 3,429명의 이름과 행방불명된 지역(제주, 경인, 영남, 대전, 호남 등)별로 표석이 설치되어 있다. 주차장 쪽으로 다시 내려오면 가장 애달픈 조각상을 만나게 된다. '비설(飛雪)'이라는 이름의 이 작품은 1949년 1월 6일 본격적인 토벌작전이 벌어지면서 군인들의 총탄에 희생된 변병생 모녀의 실제 사연을 모티프로 조성된 곳이다.

기념관과 방대한 대지 전역에 흩어져 있는 추모구역들을 다 둘러보고 나면 시설물들이 듬성듬성 흩어져 밀도감이 느슨하고 각 시설물간의 동선이 너무 길다. 기념관 건물도 그렇지만 4.3평화공원의 조형성은 이게 최선이었나 하는 생각이 든다. 이렇게 아쉬움이 커질수록 20세기 최고의 평화시설물로 꼽히는 마야 린의 베트남 참전용사 추모비를 예로 들어야 할 것 같다.

미국 워싱턴에 있는 이 추모비는 일반적인 기념관의 상식을 깨고 지면을 따라 서서히 내려가면 베트남 참전 전사자들을 기리는 각명비가 전개되면서 관람객들이 벽면에 새겨진 전사자들의 이름을 일일이 확인하는 과정을 통해 애도와 추모가 가능한 공간구조로 되어 있다. 지면에서 시작되는 기념물들을 따라가다 보면 관람객들은 자연스레 땅 속에 묻히는 죽음을 간접체험하다가 망자와 헤어지듯 다시 서서히 지면 위로 올라가게 되어 있다. 안타깝게도 평화기념관의 시설물들은 무조건 넓은 부지에 큰 구조물이어야한다는 행정기관의 강박관념 때문인지 그저 보여주기 위한 구조물에 그쳤다. 가장 중요한 시설물인 위패봉안소 역시 아쉬움을 남긴다. 원래의 설계는 탐라미술인협회(탐미협)에서 제주의 오름 형태를 형상화하고 오름 내부 공간에 희생자 명단을 새긴 각명비를 나선형의 동선에 맞게 설치하고 그 가운데에 백비를 설치하는 자연친화적인 설계였다.

그러나 전형적인 국립묘지 모델에서 벗어나지 못한 행정관료들의 상상력의 한계로 1년에 한 번 행사를 하기 위한 장소로는 너무 넓은 현재의 위령제단과 추념광장의 형태가 되어버렸다. 사실 탐미협이 내세운 응모작이 마야 린의 조형개념에 훨씬 더 근접했는데 말이다. 안타까운 마음이 굴뚝같지만 어쨌든 이곳은 향후 더 많은 관람객들의 발길이 이어져야 할 평화의 성지임에 틀림없다.

그동안 군사독재정권과 극우세력의 집요한 방해에도 불구하고 4.3이 반세기 넘도록 끈질기게 사람들의 입에 오르내렸던 까닭은 무엇일까? 그 짧은 기간 동안 좁은 영토에서 그 많은 사람들이 정당한 법절차 없이 억울하게 사라졌기 때문일 것이다. 당시 정부는 공산당 폭동을 진압하는 과정에서 생긴 일이라고 발표했지만, 그렇다 쳐도 죄 없는 사람들이 너무 많이 학살당했다. 제주인구의 3분의 1에 가까운 희생자를 냈는데 대부분이 이념이 뭔지도 모르고 무장폭도와 거리가 먼 민간인들이었다. 당시 미군정 보고서에도 희생자 중 95퍼센트 이상이 무장대가 아닌 군인과 경찰 토벌대에 의한 죽음이라고 명시되어 있다. 기껏해야 500명 남짓한 무장유격대를 잡는다고 3만 도민을 학살한다는 것은 아무래도 어불성설이다. 무계획적으로 봉기를 일으킨 무장대도 문제가 있었지만 결정적으로 모든 책임을 져야 할 국가는 유족들의 눈물을 닦아주긴 커녕, 가슴에 또 한번 대못질을 했다. 진상규명을 요구하는 희생자 가족들에게 반세기 넘게 침묵을 강요하고 그 후손들에게 연좌제를 적용해 앞길을 막았다. 그러다 1999년에 들어서서야 '4.3특별법'이 마련되고 진상조사가 시작되었다. 같은 해 김대중 전 대통령이 제주를 방문했을 때 위령공원 조성을 위해 특별교부세 30억 지원을 약속하면서 기념공원이 조성되기 시작했다. 2003년 10월 역대 대통령으로서는 처음으로 노무현 전 대통령이 공식적으로 사과했고 2008년 기념공원과 기념관이 문을 열었다. 그 전까지 우리 정부는 4.3의 진실을 은폐하기에 급급했다. 4.3 발생 66년 만인 2014년에는 제주 4.3이 '국가추념일'로 지정되었다. 추념일 지정은 억울하게 숨진 사람들의 명예를 회복한다는 데 의의가 있지만 거기서 끝나서는 안 된다. 지금도 이런 사건이 있었다는 사실조차 부정하거나 '무장폭동'으로 매도하려는 세력들이 활개치고 있다. 심지어 4.3 당시 민간인 학살에 앞장서 제주도민들에게 공포의 대상이었던 서청이 21세기 서울 한복판에서 '서북청년단재건위'란 이름으로 부활되는 판국이다.

폭력의 기억을 재현한다는 것은 고통스러운 일이다. 혹자는 일상의 무게를 떨쳐버리려고 간 여행길에서 왜 이렇게 버거운 과거 역사를 직면해야 하느냐고 반문할지도 모른다. 제주여행길에 4.3기념관을 일정에 넣고빼는 것은 여러분의 자유다. 하지만 여러분이 진정 제주를 사랑한다면, 제주가 지닌 아픔까지 한 번쯤은 거들떠봐야 할 것이다. 좋든싫든 제주는 4.3의 기억에서 자유로울 수 없고, 앞으로도 영원히 그 기억을 안고 가야 할 섬이다. 어두운 역사의 트라우마는 희생자들에 대한 제대로 된 애도와 진상규명 그리고 명예회복을 통해 극복된다. 그것이 곧 치유의 길이요 평화와 상생의 길이기 때문이다. 다시 한 번 희생자들의 명복을 빈다.

♥ 제주4.3평화공원 : 제주시 명림로 430 (봉개동) 064.710.8461
♥ 관람시간 : 09:00~18:00 (매월 첫째 셋째 월요일 휴관)
♥ 관람료 무료

4.3평화공원 부근에는 볼거리가 많다. 북쪽으로 조금만 올라가면 절물휴양림이 나온다. 절물휴양림(064.721.7421)은 300ha 면적에 40년생 삼나무들이 숲의 90%를 차지한 자연휴양림으로, 절물오름을 끼고 있다. 잘 자란 삼나무들이 피톤치트를 뿜어내며 한여름에도 서늘한 기운을 전해준다. 절물오름까지 오르지 않더라도, 휴양림 내에 숲속의집, 산림문화휴양관, 약수터, 연못, 잔디광장 등 다양한 시설이 있어 가족 나들이에 제격이다.

♥ 입장료 : 성인 1000원 / 청소년 600원 / 어린이 300원
♥ 주차료 : 중형 기준 1일 3000원

절물휴양림 바로 밑에는 노루생태학습원(064.728.3611)이 있다. 한라산 숲속에서나 만날 수 있는 야생노루를 이곳에서 만날 수 있다. 200여 마리의 노루가 자연에서 자유로이 노니는 모습을 관찰할 수 있고 직접 먹이를 주는 체험도 할 수 있어 아이들에게 인기가 좋다. 자연학습과 생태체험, 오름산행을 함께 즐길 수 있다.

♥ 입장료 : 성인 1000원 / 청소년 600원
♥ 노루먹이체험 : 1000원 (먹이주는 시간은 오전 9시~오후 3시 30분)

두 곳 모두 4.3평화공원을 돌며 아팠던 마음을 위로하기에 안성 맞춤이다. 4.3평화공원 주차장에서는 사려니숲으로 가는 서틀버스가 대기하고 있다. 제주시가 2015년부터 사려니숲길 갓길 불법 주차문제를 해결하기 위해 자구책으로 내놓은 방안이다. 노선은 4.3평화공원 주차장 ~ 사려니숲길 입구 ~ 한라생태숲 주차장으로, 9km 구간을 오전 7시부터 오후 7시까지 30분 간격으로 운행한다.

● 망각에 저항하는 화가 강요배와 4.3역사화 연작
민중미술 1세대 화가, 제주의 역사와 풍경을 담아내다

제주를 대표하는 한국 현대미술가를 한 명 꼽으라고 하면 많은 사람들이 주저없이 강요배 화백을 선택할 것 같다. 제주에서 태어나 서울대 미대 회화과를 졸업한 강요배 화백은 1981년부터 '현실과 발언'의 동인으로 참여하는 등 시대에 저항하는 작품을 많이 그렸다. 그에게는 늘 '민중미술 화가'라는 타이틀이 따라다닌다. 민중미술이란 1980년대에 모더니즘 미술과 아카데미즘 미술에 대항하여 나타난 미술 사조다. 화가들은 주로 사회 모순을 반영하는 작품을 발표했다.

강요배는 민중미술에서 새로운 가능성을 엿보고 미술을 통한 사회변혁을 위해 치열하게 고민했다. 그러다 1990년대에 이르러 사회주의권의 몰락과 문민정부의 등장 이후 투쟁 대상을 잃은 민중

2016년 제주도립미술관에서 4월 14일부터 7월 10일까지 작가의 어린 시절 습작에서부터 최근작까지 총망라한 대규모 회고전 (강요배: 시간 속을 부는 바람)이 열렸다.
1. 〈동백꽃 지다〉 2016 제주도립미술관 강요배 회고전때 선보였던 영상이미지
2. 강요배 화백 인터뷰 장면 (2016 회고전 영상이미지)

미술도 새로운 길을 모색해야만 했다. 당시 작품세계에 대한 고민에 빠진 그는 폭음으로 인해 건강을 해치게 되고 고향 제주로 돌아오게 된다. 대학 입학 전까지 제주에서 나고 자란 그에게 4.3은 뿌리 깊은 아픔이자 응어리였다. 이후 그는 1989년부터 1992년까지 약 3년 동안 4.3역사화 연작에 매달린다. 마침내 1992년 개인전 〈강요배의 역사그림 전시 - 제주민중항쟁사〉가 세상에 빛을 보게 된다. 서울을 비롯해 전국에서 전시를 열어 반 세기 동안 말할 수 없었던 제주의 아픔을 관람객들에게 알린 것이다.

〈시원〉〈총파업의 관덕정 광장〉〈서청 입도〉〈넘치는 유치장〉〈고문〉〈광포〉 등 제주4.3의 전사(前史)와 기승전결을 묘사한 50

편의 그림은 한 편의 대하역사소설 못지않은 역사적 무게와 시각적 풍부함으로 관객들을 몰입시켰다.

그중 〈동백꽃 지다〉는 현기영의 소설 《순이삼촌》을 모티프로 한 작품이다. 얼핏 보면 동백꽃이 지는 풍경화 같지만 이 작품은 4.3 당시 토벌대의 살육 장면을 담고 있다. 원경에서 토벌대가 무장대로 보이는 사람의 목을 도끼로 내려치는 장면이 앙상한 겨울나무 사이로 보인다. 흰 눈으로 덮인 바닥은 피로 흥건하다. 원경에서 보이는 선혈의 붉은색과 근경에서 툭 떨어지는 동백꽃의 붉은색이 조화를 이루며 은유를 끌어내고 있다. 이토록 처참한 학살극을 지는 동백꽃으로 상징화한 잔혹시 같은 그림이다. 이 작품의 내막을 안 이후로 나는 바닥에 떨어진 동백꽃이 무척 슬프게 느껴진다.

'제주4.3 민중항쟁사' 연작을 그려 한국 현대역사화의 한 획을 그은 강 화백은 근래의 작품에서는 무거운 역사적 주제를 훌훌 털어버리고 오롯이 제주풍경을 담아내는데 몰두했다. 하지만 그의 작품은 그저 단순한 풍경화에 그치지 않았다. 제주 특유의 색과 냄새, 바람이 느껴지는 건 물론 수천 년 이어 온 제주민들의 거칠고 투박한 삶의 애환과 영혼까지 고스란히 화폭에 묻어나는 것 같다. 제주 어디서나 볼 수 있는 정경이지만 세상 '저 편'에 존재하는 곳 같은 '낯익은 기이함'을 불러일으키는 연유는 무얼까. 작가가 펼쳐놓은 제주의 그 어느 곳도 4.3의 그을음과 죽음의 그늘에서 자유롭지 못한 탓일 것이다.

그의 풍경은 범우주적으로 세계관을 확장시키면서도 동시에 이 세계와 단단히 결속시키는 묘한 마력을 지녔다. 무엇보다도 제주섬의 탄생 배경이 된 태초의 설화에서부터 근현대사를 한데 압축시킨 고갱이 같단 생각도 들었다. 그래서 그런지 그가 형형색색 화폭에 풀어놓은 화려한 색감도 참 슬프게 와 닿았다. 한라산의 묵직한 산세, 부드러운 곡선의 오름, 흰 포말을 일으키는 파도와 바람에 흔들리는 나무와 꽃들.. 강요배 화백의 제주 그림을 보고 나면 여태껏 보아왔던 제주 풍경이 또 다른 느낌으로 다가올 것이다.

● 북촌 너븐숭이 4.3위령성지와 순이삼촌비

제주 동쪽 끝, 함덕해수욕장을 지나 요즘 젊은 관광객들이 즐겨찾는 '카페촌' 월정리 가기 전 북촌리 조천읍에 자그마한 4.3기념관이 하나 있다. 4.3평화공원에 비해 잘 알려지지 않았고 규모도 훨씬 작지만 기념관이 주는 역사적 무게감은 4.3평화공원 못지않다. 1949년 1월 17일 마을에서 한날 한시에 군인들에게 희생당한 마을 주민들의 억울한 죽음을 기리기 위해 조성된 곳이다. 그 수가 무려 400여 명에 달해 마을 단위로 가장 큰 희생을 치른 곳이다.

기념관 앞에는 마을 이름의 유래가 된, 태곳적 용암이 흘러내려와 그대로 굳어버린 넓은 바위터가 자리잡고 있다. '너븐' 은 제주어로 "넓은" 이란 뜻이고 '숭이' 는 "바위" 란 뜻이다. 한마디로 넓적하고 조금 도톰한 지대로 주민들의 쉼터였는데 이곳은 4.3때 끔찍한 학살의 현장이었다.

북촌리는 제주에서도 일제강점기 때 항일운동가를 많이 배출했고 해방 후에는 인민위원회를 중심으로 자치조직이 가장 활성화된 곳이었다. 사건의 발단은 1947년 8월 삐라를 붙이던 주민들을 향해 경찰이 쏜 총에 3명이 부상당하면서 시작되었다. 4.3이 본격적으로 진행된 1948년 4월 21일 무장대가 북촌포구에서 경찰관 2명을 습격, 살해하는 사건이 벌어졌다. 이에 대한 보복으로 군인들은 마을에 불을 지르고 전 주민을 북촌초등학교 운동장에 모이게 했다. 그리고는 군인과 경찰 가족을 가려낸 뒤 학교 동쪽 당팟과 서쪽 너븐숭이로 끌고가 400여 명을 학살했는데, 지금도 음력 12월 19일에 북촌리에 가면 모든 집이 일제히 제사를 지낸다. 마을 남자들이 모두 학살당해 북촌리는 한동안 무남촌(無男村)이라 불리기도 했다.

기념관 부근에는 야외시설물이 있는데, 북촌리 4.3희생자들의 원혼 위령비와 희생자 각명비가 푸른 조천 앞바다를 배경으로 서 있다. 기념관 맞은편에는 당시 희생된 아이들의 돌무덤 몇 기가 남아 있다. 그 뒤편에는 오목하게 쏙 들어가 있는 밭이라 하여 '옴팡밭'으로 불리는 곳이 있는데 바로 1949년 1월 17일 북촌 너븐숭이 마을의 대학살터였다. 현재 그곳에는 '순이삼촌비'가 있다. '순이삼촌'이라 새겨진 비석만 제대로 서 있고 그 주위에는 소설 속

문장들이 새겨진 비석들이 널브러져 있다. 그리고 아이를 안고 죽은 여인의 시신 형상을 한 돌조각 하나.. 바닥에는 희생자들의 붉은 피를 암시하듯 붉은 화산송이가 깔려 있다.

4.3사건이 처음 세상에 알려진 것은 1978년에 나온 소설《순이삼촌》을 통해서다. 제주에서 태어나 만 7살 때 '4.3'을 겪은 작가 현기영은 이 작품으로 인해 군부 보안사에 끌려가 모진 고문을 당했고, 이 책은 금서목록에 올랐다. 제주 4.3은 이렇게 국내에서 소설 형식으로 세상에 먼저 알려졌고, 이후 시인 이산하의 서사시〈한라산〉(1987), TV드라마〈여명의 눈동자〉(1991), 강요배 화백의 회화〈4.3연작〉, 임흥순의 다큐멘터리 영화〈비념〉(2011), 오멸의 장편극영화〈지슬〉(2013) 등을 통해 각 예술장르별로 형상화되었다. 기념관에서 일하시는 부석주 해설사님께서 4.3 피해자셨던 자신의 부친 고(故)부정양 씨의 기막힌 사연도 덤으로 들려주셨는데 혼자 듣기에는 아까운 내용이라 여기에 옮겨보기로 한다.

4.3 당시 부정양 씨는 월정리 한동마을에서 농사짓던 27세의 평범한 청년이었다. 어느 날 무장대와 내통했다는 혐의로 경찰서에 끌려가 며칠 동안 죽도록 매질을 당했다. 좌익혐의를 인정하지 않자 어느 날 마을 청년들 11명과 함께 월정리 해변가로 끌려갔는데 경찰은 이들에게 총을 겨누며 '좌익'임을 시인하라고 강요했다. 그래도 다들 부인하자 송 씨 성을 가진 남자 한 명을 끌어내 본보기로 사살한다. 이때 송 씨가 기지를 발휘해 죽기 전에 "대한민국 만

순이삼촌문학비 : 북촌너븐숭이 4.3기념관 주변, 옛 학살터 자리에 순이삼촌문학비가 서 있다.
현기영의 《순이삼촌》은 학살현장의 시체더미에서 기적적으로 살아남아
트라우마를 안고 고통스런 삶을 살다 자살한 '순이삼촌'에 관한 이야기로,
소설은 한국현대사의 최대 비극 중 하나인 4.3이 개인의 삶을 어떻게 파괴시켰는지 보여준다.

1. 북촌너븐숭이 4.3 위령성지
2. 북촌 너븐숭이 애기무덤. 북촌리 민간인 학살때 함께 죽은 아이들의 무덤이다.

세" 를 외치자 경찰들이 고심 끝에 마을 청년들이 좌익은 아닌 것 같다고 판단하여 모두 풀려나 집으로 무사히 돌아왔다고 한다. 하지만 그것이 끝은 아니었다. 좌익분자를 색출하라는 윗선의 호통이 있었는지 부정양 씨는 다음날 다시 세화 지서로 끌려가 또 다시 모진 고문을 당했다고 한다. 그래도 혐의를 시인하지 않자 이번엔 구좌읍 하도리로 끌려간다. 총살당하기 직전, 기적처럼 경찰관 한 명이 나타나 '혐의 없음' 을 입증해준 덕분에 부정양 씨는 구사일생으로 살아남았다. 경찰과 연줄이 닿은 친척 한 분이 재빨리 손을 써 죽음의 문턱에서 건져낸 것이다.

결국 부정양 씨는 한국전쟁 직전에 한국군에 자원입대하여 제주를 벗어났다고 한다. 만일 입대하지 않았더라면 한국전쟁때 예비검속에 걸려 십중팔구 학살당했을지도 모른다. 전쟁통에 몇 번이나 죽을 고비를 넘기고 다시 제주로 돌아온 부정양 씨는 결혼해서 자식도 낳고 살다 4.3과 한국전쟁의 후유증으로 시름시름 앓다 1980년대에 돌아가셨다고 한다. 행여 가족들이 불이익이라도 받을까봐 돌아가시기 몇 해 전까지 4.3사건은 물론 자신이 겪은 일을 절대 입에 올리지 않았다고 했다. 한참 후 정부 차원에서 진상규명과 더불어 제주4.3피해가족들에 대한 보상을 추진했지만 부정양 씨가 오래 전 세상을 뜨는 바람에 4.3피해에 관해 증명할 수 있는 근거가 빈약해 유가족들은 아무런 지원도 못 받았다고 한다.

북촌 너븐숭이 4.3기념관은 1132번 도로 북쪽 길가에 있고 김녕

가기 직전에 나온다. 제주시 시외버스터미널에서 동부지역 일주
도로 순환버스를 타면 함덕을 지나 바로 북촌리가 나온다. 북촌리
에 내리면 당시 주민들을 집결시켜 학살터로 끌고 갔던 북촌초등
학교도 나온다. 기념관 서쪽에 방사탑, 문학비, 애기무덤, 위령탑,
사료관 순서로 있다. 전시관 내에는 해설사가 상주하고 있어 관람
객이 요청하면 관람로를 따라 관련시설에 대해 설명해준다.

너븐숭이에서 서우봉을 넘어 함덕서우봉 해수욕장까지 걸어서 갈
수 있다. 함덕해수욕장은 당시 학살장이었고, 서우봉에서는 일제
강점기의 유적도 볼 수 있다.

♥ 너븐숭이 4.3기념관 : 제주시 조천읍 북촌3길 3 (064.783.4303)
♥ 관람료 무료

제주에는 이외에도 수많은 4.3유적지들이 곳곳에 산재해 있다.
4.3유적지 순례를 떠나려는 분들께 〈제주4.3평화공원 ~ 선흘리 낙
선동 4.3성 ~ 북촌 너븐숭이 4.3위령성지 ~ 화북 곤을동 잃어버린
마을〉 코스를 추천한다.

제주
도립미술관

● 짧지만 옴팡진 제주미술의 역사

제주.. 하면 연상되는 단어 중 단연코 '미술'은 순위권 한참 밖에
있을 성 싶다. 물론 제주의 자연 자체가 하나의 거대한 예술품이
라 인공적인 예술은 발붙이기 힘들어서 그럴지도 모른다. 절경이
지만 살기에는 척박한 제주의 자연환경은 역설적으로 예술이 꽃
피기엔 걸림돌이기도 했다. 원래 예술이 발전하려면 경제적으로
풍족해서 잉여활동이 가능해야 한다. 부족한 물과 경작지 때문에
가족이 모두 농업이나 어업에 총동원되어야 겨우 굶주림을 면할
수 있는 제주인들이 문화 · 예술에 눈뜨기는 힘들었다. 더군다나
예술이란 주변 문화와 교류하면서 자극받고 동화되어 성장하는
속성이 있는데, 섬이라는 고립된 상황에서는 이마저 여의치 않았
다. 이처럼 제주는 한때 미술의 불모지라 불릴 정도로 문화적 변
방지대였고 제주미술사는 육지에 비해 역사가 짧다.

그래도 제주미술의 시원을 찾는다면, 다른 문명국들과 교류를 통해 독자적인 문화의 꽃을 피웠던 탐라국으로 거슬러 올라갈 수 있을 것이다. 하지만 탐라의 문화수준을 알 수 있는 유물이 거의 남아 있지 않아 그 원형을 짐작하기 어렵다. 조선시대 후반까지 제주에서는 '직업인으로서의 예술가'와 '감상을 위한 미술문화'가 사실상 전무했다. 그나마 1,800명의 신을 섬기는 민간신앙의 결정체인 무신도와 석상, 제주 민화, 문자는 육지와 사뭇 다른 특징을 드러내면서 현대미술 작가들에게 많은 영향을 주었다.

● 제주가 낳은 예술가들

학계에서는 제주미술의 태동을 헌종 6년(1840년) 추사 김정희가 제주에 유배되었을 때부터라고 보고 있다. 당시 추사는 대정현을 적거지로 삼고 9년간 유배생활을 하며 그 지역 젊은이들에게 학문과 서화를 가르쳤는데 이때부터 감상하는 미술의 역사가 싹텄다고 볼 수 있다. 추사의 제자였던 소치 허련도 추사에게 서화를 배우기 위해 진도에서 제주까지 수차례 방문했다는 기록이 있다. 이때부터 제주 선비들 사이에서 예술의 발전과 계승에 대한 인식이 자리잡기 시작했던 것 같다. 추사의 가르침을 받은 제주 제자들은 강도훈, 박계첨, 김구오 등이 있었는데 모두 육지 선비들 못지 않은 뛰어난 기량을 발휘해 지역문화발전에 기여했다.

조선시대 이후 제주인들이 나서서 제주미술의 맥을 다시 잇기 시작한 것은 일제강점기 시절 제주출신 일본유학파 미술가들을 통해서였다. 제주출신 송영옥(1917~1999)은 1930년대 가족과 함께 도일하여 일본에 정착했다. 이후 오사카 미술학교 졸업 후 1950년대 후반 도쿄에서 초상화가로 활동하다 재일조선인 문제와 분단조국의 현실 등을 토대로 다수의 작품을 제작해 주목을 받았다.

송영옥처럼 일본에 머무르며 재일조선인으로 활동한 사람도 있지만 대부분 해방 후 귀국하여 화단을 결성했다. 그중 제주화단에 가장 많은 영향을 끼친 작가는 김인지다. 그는 1935년부터 작품 〈애涯〉를 비롯해 〈서귀항〉〈해녀〉 등을 출품해 당시 행정구역상 전라남도에 속했던 제주출신으로는 처음으로 조선미술전람회에 연달아 입상했다. 그가 거둔 예술적 쾌거는 지리적으로나 문화적으로 변방으로 인식되던 제주 지역민들의 자긍심을 드높였다. 이후 변시지, 김광추, 박태준 등 일본유학파 화가들에 의해 당시 서양미술과 동격이던 제주현대미술이 서서히 잉태되었다.

이처럼 1935년 이후 활발했던 제주미술인의 활약은 해방 직후 4.3사건과 한국전쟁의 포화 속에서 잠시 움츠러들었다. 경남 진주 출신의 조양규(1928~?)는 4.3사건에 연루되면서 일본으로 밀항한 후 화가로 등단한 독특한 이력의 작가다. 그는 일본정착 후 1950년대 〈창고〉연작, 〈맨홀〉연작 등 당시 한국 화단은 물론 일본에서도 볼 수 없었던 진취적인 작품을 선보여 일본미술계에서 주목받았다.

4.3에 이은 한국전쟁은 역설적으로 제주미술계에 또 다른 기회를 가져다주었다. 전쟁의 위험을 피해 육지에서 건너온 15만 명에 가까운 피난민들 속에 섞여 있던 예술인들의 활약 덕분이다. 이들은 제주에서 피난생활을 하며 자연스레 제주민들과 교류하면서 제주 문화예술계 발전에 지대한 공헌을 했다. 제2차 세계대전때 미국으로 피신한 유럽의 예술가들 덕분에 전후 미술의 중심지가 프랑스에서 미국으로 이동했듯이, 한국전쟁을 통해 제주도민들과 같이 생활하던 예술인들은 제주 예술계에 신선한 자극을 주기에 충분했다. 대표적인 인물로 이중섭, 김창열, 장리석, 최영림, 홍종명 등을 들 수 있다. 이들은 짧게는 수개월 길게는 몇 년간 제주에 체류하면서 육지와는 너무도 다른 제주 풍경을 화폭에 담으며 많은 예술적 영감을 주고받았다. 홍종명은 오현중학교에서 교편을 잡아 학생들의 미술교육에도 영향을 주었다. 전쟁의 후유증이 서서히 가라앉을 무렵 제주에도 서울 등 육지의 미술대학에 진학하는 학생들이 생겨났다. 강태석, 양창보, 문기선, 김택화 등 육지에서 미대를 졸업한 이들이 고향에 돌아와 화실을 경영하고 후학들을 양성하면서 제주미술은 또 한번 만개하기에 이른다.

1955년 미술협회가 창립되어 제주미술은 제도적인 정비와 후원하에 어느 정도 틀을 갖추게 된다. 창립 당시 김인지를 회장으로 추대한 제주미협은 각종 협회전과 공모전, 학생미술전을 통해 제주미술계의 맥을 잇는 신진작가 양성과 미술문화를 제주에 확산시키는데 기여했다. 1970년대는 제주미술의 발전과정 중 가장 눈부신 도약기로 볼 수 있다. 1973년에 제주대학에 미술교육학과가 개설되면서 도내에서 전문미술인을 양성해내는 제도적 공간이 마련되었고, 1977년에 결성된 〈관점미술동인회〉의 활약도 빼놓을 수 없다. 강요배, 고영석, 고영우, 박조전, 백광익 등 제주출신 작가들로 구성된 관점동인은 당시 낯설었던 서구미술사조를 제주화단에 적극 소개했다. 때마침 1960~70년대 한국미술계가 앵포르멜, 모노크롬 미니멀아트 등을 적극 수용함에 따라 제주미술도 이러한 분위기에 영향을 받은 것이다. 이들은 서구미술에 향토미술의 특색을 접목하여 제주미술이라는 독특한 문화권을 형성했다.

제주는 오래 전부터 섬에서 자란 토박이건 육지에서 흘러들어온 이주민이건 가리지 않고 뛰어난 예술가들을 품어 세상에 내보낸 산실이었다. 김정희, 이중섭, 장리석, 변시지, 강요배, 이왈종. 이들은 제주를 모태로, 그 어디에서도 볼 수 없었던 조형미를 선보였다. 다른 지역에 비해 늦둥이로 어렵게 태어나 이제 겨우 걸음마 단계를 벗어난 도립미술관이 그 존재 자체만으로도 귀한 이유다.

● 신비의 도로 곁 숨은 명소

공항에서 제주의 강남이라는 노형동을 지나 한라산으로 향하기 위해서는 1100도로를 이용해야 한다. 일단 이곳에 진입하면 일명

'신비의 도로' 인근에 제주를 대표하는 미술관이 풍경처럼 펼쳐진다. 제주 도심과 중산간 지대를 가르는 경계선에 서 있는 제주도립미술관은 공항에서 차로 15분 안에 도착할 수 있는 곳이라 제주에서 근접성이 좋은 미술관 중 하나다. 이곳은 한국 근현대미술사에서 제주미술의 어제와 오늘을 되돌아보고 향후 제주 현대미술의 도약을 마련하는 발판으로 기획되었다.

대지 38,744㎡의 부지에 자리잡은 미술관 건물은 단아한 콘크리트 입방체로 짜여 있다. 미술관 전면부에 드리워진 인공연못은 거울처럼 반사기능을 하고 있어 수직적 깊이감이 증폭된다. 무엇보다도 제주도립미술관은 건물과 주변 풍경이 조화를 이루며 관객들에게 또 하나의 거대 미술작품을 선사하는 느낌이다. 미술관 건물을 구성하는 콘크리트 프레임은 시간과 날씨의 변화에 따라 제주의 하늘빛, 바로 앞에 드리운 한라산, 오름 등을 특별한 예술작품으로 변화시킨다. 또한 미술관 1층 카페에 앉아 건물 앞에 드리워진 거울연못에 반사된 제주 하늘은 그 자체가 감동이다. 특히 해질 무렵 핑크빛 하늘이 드리워질 때 그곳에 머물기를 추천한다.

제주도립미술관에서 볼 수 있는 유일한 상설전시관은 장리석기념관이다. 그의 소장품만 115점에 달하고, 미술관 안팎에 흉상과 입상 등 그의 모습을 담은 조각품만 3점이다. 이쯤 되면 제주도립미술관이 아니라 장리석미술관이라 불러도 손색없을 정도다.

장리석 화백은 1916년 평양에서 출생했다. 1938년 일본 다마가와 미술학교를 수료한 그는 26세에 제21회 조선미술전람회에서 입선하며 화단에 등단하여 한국 구상미술의 대가로 자리매김했다.

내 기억 속 장리석 화백의 작품은 한국 근대미술 100년을 테마로 한 전시회때 봤던 〈소한〉(1956)과 국전에서 대통령상을 수상한 〈그늘의 노인〉(1958) 정도였다. 그가 제주와 각별한 인연을 지닌 작가라는 사실을 알게 된 건 제주도립미술관에 다녀온 이후였다.

작가가 지리적으로나 화가 경력에서 아무런 연고가 없던 제주와 인연을 맺게 된 것은 한국전쟁 때문이었다. 당시 해군사령부 소속 화가였던 그는 1951년 1.4후퇴때 부대와 함께 제주도로 피신했다. (1년 전인 1950년 12월에 원산에서 이중섭과 그의 가족들과 같은 배를 타고 부산까지 월남했다) 그때부터 4년간 체류하며 제주 풍광을 화폭에 담기 시작해 휴전 후 육지로 돌아가서도 틈만 나면 제주로 내려와 60년 넘게 '제주'라는 테마를 작품에 반영했다. 북에 고향을 두고 온 실향민이었던 그에게 제주는 아마 제2의 고향으로 다가왔을 것이다. 그는 특히 해녀를 즐겨 그렸는데, 건강미 넘치는 여성들과 이국적 풍광이 타히티 시절의 고갱의 작품을 보는 것 같다. 장리석의 해녀들은 단순한 호기심 차원의 대상화가 아닌 주체적으로 자신의 운명을 개척해 나가는 강인한 생활인으로 묘사되어 있다. 아마 해방 이후 현재에 이르기까지 제주해녀를 가장 많이 화폭에 담은 화가라고 해도 과언이 아닐 것 같다.

장리석 화백은 2005년 제주를 모티프로 한 작품 110점을 제주에 기증했고, 제주도립미술관이 완공되자 이에 대한 보답으로 특별실을 마련한 것이다.

2015년 제주도립미술관에서 작가의 100세 생신을 기념해 '장리석 백수(百壽)의 화필전'을 열었다. 당시 작가는 갓 완성한 〈바다와 소라〉란 작품을 전시해 100세란 나이가 믿기지 않을 만큼 건재함을 보여줬다. 60년 전 제주의 이국적 풍광이 준 감동을 제주도민에게 작품으로 되돌려준 노 화백이 여전히 건재함을 과시할 수 있었던 것은 제주의 넉넉한 대자연 덕분이 아니었을까? 이북 출신으로 한날 한시에 원산항을 떠나 월남했고 비슷한 시기 제주가 품어준 예술가였던 장리석과 이중섭. 살아서 다시 제주의 품에 안길 수 있었던 사람과 그럴 수 없었던 사람. 두 예술가의 엇비슷한 삶의 경로와 엇갈린 운명을 새삼 떠올려본다.

미술관 뒤편은 한라산 백록담 분화구를 형상화한 너른 잔디마당으로 꾸며져 있다. 카페도 있고 거울연못이 있는 미술관 앞뜰에 비해 뒤뜰은 인적이 극히 드물어 한산하다. 덕분에 호젓하게 사색하면서 산책하기엔 최적의 장소다. 야외무대도 조성되어 미니콘서트, 락페스티벌, 사물놀이 등 다양한 공연이 펼쳐지는 문화공간이기도 하다. 기획전시관은 대중적이면서도 미술사에 대한 사전지식이 많지 않아도 쉽게 볼 수 있는 작품들로 구성되어 있다. 하지만 제주도민 뿐 아니라 세계인들이 찾는 미술관이 되기에는 아직 부족하다는 느낌이 든다. 미술관 시설이나 외관은 어디에 내놔도 손색없는데 미술관의 정체성을 대표하는 소장품을 떠올리면 아쉬움이 많이 남는다. 세계적인 작가들의 작품이 전무할 뿐 아니라 국내 유명작가 작품들도 손꼽을 정도다. 예산이 부족해서인지 미술사적 가치를 지닌 작품 구입은 엄두도 내지 못하고 있는 것처럼 보인다. 제주도립미술관에서 제주 근현대미술의 흐름을 파악하기 어려운 이유다. 그나마 작품 구입 예산의 대부분을 지역 작가들의 미술품에 할애하거나 기증에 의존하는 것 같다. 1,000원이란 저렴한 입장료에도 불구하고 도립미술관의 전시장이 한산한 것은 이와 무관치 않을 것이다. 아무래도 관람객들은 전시장 내부보다는 거울연못과 조각공원처럼 되어 있는 옥외전시장에 좀 더 오래 머물다 올 것 같다.

물론 유명작가의 작품을 소장하는 것과 미술관의 위상이 정비례하는 것은 아니다. 하지만 미술관의 품질을 좌우하는 것은 결국 컬렉션의 수준이다. 이는 제주도립미술관 뿐 아니라 한정된 예산으로 운영되는 전국의 국공립미술관의 공통된 문제이기도 하다. 다음에 도립미술관을 방문할 때는 좀 더 많은 시간을 미술관 안에서 머물다 갔으면 하는 바람이다.

♥ 제주도립미술관 : 제주시 1100로 2894-78 (연동) 064.710.4300
♥ 관람시간 : 09:00~18:00 (하절기 7~9월 09:00~20:00), 매주 월요일 휴관
♥ 관람료 : 성인 1000원, 어린이 300원

1. 임춘배 〈토템〉 (2009)
2. 강민석 〈이것은 무엇인가〉 (2010)
3. 강시권 〈정중동 - 사유〉 (2011)
4. 장리석 〈남국의 여인들〉 (1988)

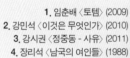

제주전쟁역사
평화박물관과
가마오름

● 태평양전쟁이 남긴 제주의 상흔

때는 일제강점기. 북제주 중산간 마을에 한 청년이 살고 있었다. 평범한 농민이었던 이 남자의 인생을 송두리째 바꿔놓은 건 일제의 강제징용이었다. 태평양전쟁이 한창이던 시절, 일제는 마지막 요새를 만드느라 마을주민들을 동원했다. 혈기왕성한 청년이 끌려간 곳은 가마오름. 그곳에서 하루 종일 굴을 팠다. 장갑도 없이 맨손으로 밤낮 없이 곡괭이질을 해도 하루 식사라고는 소금에 절인 주먹밥 한 덩이가 전부였다.

하루 목표량을 채우지 못하면 매질을 당하기 일쑤였고, 목표한 대로 굴을 팠어도 밖으로 나오지 못하고 동굴 속에서 먹고자는 날이 끝없이 이어졌다. 다행히 일본이 패배하면서 전쟁이 끝나고 해방이 찾아왔다. 하지만 2년 반 동안의 강제노역의 후유증으로 남자는 시력을 잃었다.

그에게는 아들이 있었다. 아들은 앞 못 보는 아버지 때문에 제대로 기를 펴지 못하고 자랐다. 지긋지긋한 가난은 그로 하여금 배움의 기회를 박탈했다. 겨우 중학교만 졸업한 아들은 아버지가 원망스러웠다. 보이지 않는 눈 때문에 농사일을 하다가도 걸핏하면 허공에 소리 지르는 아버지가 싫었다.

어느새 아들도 나이가 들어 한 집안의 가장이 되었다. 화물차 운송업 일을 하며 차곡차곡 돈도 모으며 어느 정도 안정된 삶을 이룰 무렵, 이제는 노쇠하여 운신도 못하는 아버지가 자신이 겪었던 일을 아들에게 하나씩 들려주었다. 아버지의 반평생 이상을 어둠 속에 밀어 넣었던 한맺힌 땅굴 얘기가 시작되었다.

아들은 가족의 삶을 피폐하게 만든 가마오름의 땅굴을 찾아 헤매기 시작했다. 지도도 이정표도 없이 아버지가 들려준 이야기를 나침반 삼아 맨손으로 더듬듯 오름 구석구석을 파헤치기 시작했다. 마을사람들은 그를 '땅굴에 미친 놈'으로 부르기 시작했다.

길도 없는 험한 숲을 수십 차례 드나든 결과, 아들은 아버지가 겪은 수난의 행적을 찾았다. 오름 곳곳에 거대한 규모의 땅굴이 자리잡고 있음을 발견한 것이다. 땅굴 속은 상하좌우 곳곳이 갈라지는 미로같은 구조로 되어 있고 곳곳에 함정까지 설치되어 있었다. 그곳은 그냥 땅굴이 아닌 동굴진지였던 것이다.

동굴진지를 파헤칠수록 아버지가 미처 말하지 못했던 고통의 흔적들이 고스란히 드러났다. 아들은 아버지의 신산한 삶은 물론 함께 고통받았던 제주도민들의 수난사를 세상에 알려야겠다고 결심했다. 그는 1996년 전 재산을 팔고 대출을 받아 46억 원을 들여 가마오름 일대의 1만2천 평 땅을 사들였다. 일제강점기때 일본군이 입었던 군복과 탄약상자, 지도 등 온갖 군수품을 수집했고 당시 아버지와 같이 강제노역에 동원되었던 노인들의 증언도 수집하기 시작했다. 그리고 2004년에 박물관을 지었다. 제주섬에 새겨진 태평양전쟁의 흔적들을 보존해 세상에 알림과 동시에 다시는 이런 아픈 역사가 반복되지 말라고.

● 아픈 역사의 무게

70년 동안 잊혀져 있던 지하공간

제주 서남쪽 한경면 청수리 제주전쟁역사평화박물관을 찾아가는 길은 평화롭기 그지없었다. 관광지의 떠들썩함과는 거리가 먼 전형적인 제주 시골길. 너른 밭과 담이 옹기종기 이어지는 목가적인 전원풍경을 지닌 조용한 마을이었다. 평화동이라고 지어진 마을 이름도 썩 잘 어울렸다. 개인이 지은 사립박물관이라 그런지 박물관 규모는 아담하고 건물 외양도 무척 소박했다.

역사평화박물관은 크게 실내 전시실과 가마오름 동굴진지 견학으로 나뉘어져 있다. 우선 매표소에서 표를 끊으면 안내원이 제일 먼저 영상실로 안내한다. 관람객들은 영상실에서 이영근 씨 부자

제주전쟁역사평화박물관
100여 평 규모의 상설전시관으로 들어서면 벽면에 태평양전쟁 당시 제주는 물론 아시아 곳곳에서
자행된 일본군의 만행이 연도별, 지역별로 잘 정리되어 있다. (아래)

의 기막힌 인생사를 담은 짧은 다큐 한 편을 접하게 된다. 몇 년 전 TV 다큐프로그램에 소개되었던 부자의 사연은 박물관 조성으로 이어졌다. 앞서 소개한 부자의 사연이 바로 이영근 씨와 그의 아버지의 일화다.

방송에 나온, 식물인간처럼 침상에 누워 힘겨운 일상을 이어가는 고 이성찬 옹(1921년생, 2010년 작고)의 앙상한 모습은 일제치하 제주의 비극을 온몸으로 체현한 것 같았다. 그는 아마 70년 가까이 역사의 뒤안길에 묻혀 있던 가마오름의 존재를 알린 최후의 증인이었을지 모른다.

모진 시대를 만나 모진 삶을 살았던 아버지의 아들이자 역사평화박물관 설립자 이영근 씨. 그는 아버지의 말을 단서로 하여 찾은 가마오름에서 깊이 18m, 총 길이 2km에 달하는 거대한 동굴진지를 발견했다. 동굴진지가 있는 가마오름은 태평양전쟁 말기인 1945년, 일본군의 결호작전으로 만들어진 지하요새다. 산간 오름에 조성한 많은 땅굴들을 동굴진지 혹은 갱도진지라고 하는데, 거의 모든 동굴들의 규모가 폭 약 1m, 높이 약 1.7m 정도로 비슷하다. 제주 전역의 동굴진지들을 합치면 그 길이가 수십 킬로미터에 달할 것으로 추정된다.

한 개인의 집념으로 세상에 알려진 가마오름 일제 동굴진지는 현재 대한민국 근대문화유산 등록문화재 제308호로 지정되었다. 전시장 안에 들어서면 가마오름 내의 동굴진지의 모형도를 볼 수 있다. 가마오름이란 가마솥 모양의 오름이라 하여 붙여진 이름이다. 총 3층의 미로형 구조로 설계되었는데 길이 2km의 땅굴 안을 다 보려면 하루 이상 잡아야 한단다.

하고 많은 제주의 오름 중 왜 하필 가마오름에 대대적인 동굴진지가 설계되었을까? 이는 제주도 및 가마오름의 지정학적 위치에서 그 답을 찾을 수 있다.

일본은 한일합방 이후 대륙본토 진출의 야욕을 품고 1931년 만주사변을 일으켰다. 그 준비 작업으로 1926년부터 제주도를 대륙침략 전초기지로 사용했다. 우선 1926년에 모슬포에 일본해군 항공기지를 건설하고 중국 본토 폭격을 위한 교두보를 마련했다. 하지만 1943년부터 미연합군의 대대적인 공세로 전세가 불리해지면서 자국 본토까지 위협을 받게 되자, 제주를 본토 방어를 위한 방패로 삼아 도민들을 징발하여 제주 곳곳에 군사시설을 구축했다.

태평양전쟁이 본격화되면서 일본은 제주 곳곳에 군사진지를 만들기 시작했다. 고려시대 삼별초의 난과 조선후기 이재수의 난 이후 한동안 무풍지대였던 제주에 전쟁의 회오리바람이 불기 시작한 것은 1944년 중반부터였다. 제주는 해방 직후까지 7만 5천여 명의 거대한 병력이 주둔하는 전쟁기지가 되었다. 1944 5월, 미군의 일본 본토 폭격이 본격화되자 일본은 본토 사수를 위해 결7호작전을 거행한다. 1~6호는 일본 본토 방어작전이고, 7호는 제주도 방어작전이다. 즉, 일본 열도 이외의 지역으로 유일하게 제주도가 군사지역으로 포함되어 연합군과 결사항전을 벌인다는 내용이다. 구체적인 시나리오는 미군 함정이 해안에 나타나면 자폭용 어뢰를 발진하여 상륙을 저지함과 동시에 해안선 가까이 있는 진지동굴과 오름에 파놓은 동굴에서 게릴라전을 벌인다. 그래도 여의치 않으면 한라산 중턱까지 후퇴하다가 제주도민을 총알받이로 내세워 끝까지 저항한다는 것이었다.

1945년, 이오지마와 오키나와가 차례로 미군에 함락되고 일본의 패색이 짙어지면서 이 시나리오는 구체화되었다. 같은 해 4월, 일본 본토의 부대와 만주의 관동군 등 종전 직전까지 7만 5천의 병력이 제주에 결집해 제주 섬 전체가 군사기지로 변했다. 종전 직전까지 제주에는 군인과 그들의 가족을 포함, 20만 명 이상의 일본인이 거주했는데 당시 제주도 인구가 15만 명이었음을 고려하면 엄청난 인원이 포진했던 셈이다. 그만큼 일본에게 제주는 지정학상 가장 중요한 지역이었다. 특히 섬의 서쪽은 태평양과 연결되어 있어 군사적 요충지가 될 수밖에 없었다. 미연합군 잠수함이 제주부근 해역에 자주 출몰하고 이에 따른 피해가 발생하자 일본군은 연안감시를 강화해야 했다. 당시 한반도에 주둔해 있던 일본군 중 1/3 규모가 서부지역에 주둔하면서 모슬포 일대가 주 진지대로 구축되었다. 모슬포에는 알뜨르비행장이 건설되었고, 가마오름 주변에는 전차, 기마, 세균부대 등 총 5천 명의 일본군이 주둔했다.

제주 서부에는 가마오름 말고도 다래오름, 왕이메, 당오름 등에 진지동굴과 일본군의 주둔 흔적이 남아 있다. 거문오름, 안돌오름 등 동부지역 오름들도 곳곳에 지하요새가 만들어지면서 몸살을 앓았다. 별도봉과 송악산, 성산일출봉, 서우봉 등 도내 해안가 절경지대에도 진지동굴이 뚫려 당시 일제의 만행을 증언하고 있다.

영상실을 나와 100여 평 규모의 상설전시관으로 들어서면 벽면에 태평양전쟁 당시 제주는 물론 아시아 곳곳에서 자행된 일본군의 만행이 연도별, 지역별로 잘 정리되어 있다. 또한 어째서 제주가 지정학적으로 일본군의 대륙침략 거점기지로 활용되었는지 지도와 함께 그 이유가 설명되어 있다.

스위치를 누르면 제주도의 일본군 진지 분포도를 볼 수 있고, 가마오름 모형에서는 진지갱도의 규모가 한눈에 보인다. 유리 진열장에 전시된 유물들의 목록은 참 다양하고 놀랍다. 당시 군사기지를 구축하는 데 사용된 측량도구들과 전화기, 사이렌, 카메라 같은 군수용품에서부터 동굴 팔 때 쓰던 레일, 활차상자까지 보관되어 있다. 당시로선 최첨단 과학기술이 총동원된 셈이다.

일본군 관련 물품으로는 당시 계급·부대별로 입던 군복, 철모, 물통, 군수용 그릇, 기마부대에서 사용했던 마구들까지 꼼꼼하게 복원되어 있다. 이런 소장품들은 이영근 관장의 부친이 보관하고 있던 물품들과 가마오름 동굴진지에서 직접 출토한 것들 그리고 주변에서 매입하거나 기증받은 것들이다. 예를 들어 계급별 일본장교의 군복은 박물관을 다녀간 일본인이 직접 기증했다고 한다.

물도 부족하고 곡물생산량도 시원찮은 한반도 최남단 척박한 섬까지 수탈한 일본 군국주의의 야만성과 집요함에 새삼 경각심이 솟는다. 전시장 말미에는 "자유와 평화는 공짜로 얻어지는 것이 아닌 것을 우리는 결코 잊어서는 안 될 것이다"란 문구와 함께 태평양전쟁으로 인해 희생된 제주도민을 위한 추모비가 놓여 있다.

전시장을 나오면 곧바로 가마오름의 갱도진지로 동선이 연결되는데, 가마오름의 갱도진지는 모두 4지구로 나뉘어 있다. 내가 갔을 때에는 관람할 수 있는 곳이 극히 한정되어 있었다. 가마오름 동굴진지 중 가장 긴 동굴진지1은 등록문화재 제308호로 지정되었는데, 2013년 3월 문화재청에서 매입한 후 안전을 위한 시설정비로 인해 잠정폐쇄된 상태였다. 박물관측의 설명에 따르면, 출입구가 9개, 전체 구간을 4개로 나눌 수 있는, 격자형과 미로형 등 가장 복잡한 구조로서 3단으로 구축된 동굴이다.

그나마 개방되어 있는 2구간 앞에 서자 안내원이나 해설사 없이 동행인과 단둘이 동굴 입구에 발 들여놓기가 망설여졌다. 관람객들의 이해를 돕기 위해 해설사가 시간마다 동행했으면 전쟁의 참상에 대해 전달이 잘 되었을 텐데, 박물관의 영세한 재정과 운영에 대해 아쉬운 대목이었다.

2구간도 말로만 들었던 1구간 못지않게 적지 않은 규모였다. 지하 갱도 길이는 500m, 폭 70cm 완장을 한 군인 한 명이 드나들 정도였다. 지금은 관람객들 편의를 위해 바닥이 목조 계단으로 조성되어 있는데 당시는 계단이 아니라 그냥 비탈진 경사막이었다고 한다. 희미한 등잔불 밑에서 3인이 한 조가 되어 일했는데 하루에 무조건 2m씩 파야 굴속에서나마 잠들 수 있었다고 한다.

굴을 파다 부상당한 사람의 치료기간은 고작 1주일이었고 차도가 없으면 어디론지 데려간 후 다시는 소식을 알 수 없었다고 한다. 1년이고 2년이고 장갑도 없이 맨손에 삽과 곡괭이만으로 동굴을 팠던 조선인들. 굶주림과 매질로 인한 절규가 동굴 곳곳에 스며들어 있는 듯해서 동굴을 나오기까지 참담한 기분이 들었다. 가마오름의 동굴은 부서지기 쉬운 화산송이로 형성되어 당시에는 동굴 붕괴를 우려해 천장이나 벽에 갱목을 세웠다. 하지만 해방 이후 마을주민들이 집을 짓거나 수리하기 위해 동굴의 갱목을 뜯어가서 이제는 갱목의 흔적은 찾아볼 수 없다.

가마오름 제2지구 땅굴은 전체 동굴진지의 5%도 안 된다고 한다. 당시 가마오름 동굴진지는 탱크 3대가 상주하고 출입구는 33곳에 이르고, 이를 위해 동원된 제주도민만 4만 명에 이를 정도로 제주도 내에서 확인된 일본군 동굴진지 중 가장 큰 규모라고 한다. 다른 곳과 달리 3층의 미로형 구조여서 적에게 쉽게 발각되지 않도록 되어 있다. 학계와 민간단체를 중심으로 꾸려진 탐사대를 통해 진지동굴 현황조사는 여전히 진행중이다. 하루 빨리 가마오름은 물론 120여 개의 제주 오름들을 거미줄처럼 뒤덮고 있는 진지동굴의 규모와 실태가 일목연하게 드러났으면 하는 바람이다.

가마오름에서 바라본 제주 앞바다.
해발 140m의 가마오름은 동서남북 다 확인할 수 있는 탁월한 전망을 지녔고
무엇보다도 태평양 쪽에서 함대가 들어오는 것을 육안으로 확인할 수 있어
군사적으로 중요한 지역이었다.

일본군 장교용 군복   가마오름 동굴진지 입구

동굴을 나와 가마오름 정상으로 오르면, 좁은 갱도에서 느꼈던 답답함을 달래주듯 탁 트인 제주 평원이 한눈에 들어온다. 새신오름과 저지오름이 손에 잡힐 듯이 보이고, 날이 좋으면 저 멀리 수월봉과 차귀도까지 환히 내려다보인다. 태평양전쟁 당시에는 이곳에서 육안으로 태평양에 떠있는 군함을 확인할 수 있었다고 한다.

1945년 8월 6일과 9일 히로시마와 나가사키에 원자폭탄이 투하되고 히로히토 일본천황이 항복함에 따라 태평양전쟁이 끝났다. 결국 결7호작전도 해제되고 미군이 제주도로 진격하는 일도 벌어지지 않았다. 1~2년 남짓한 기간 동안 제주도민이 죽을힘을 다해 구축한 동굴진지 요새들은 그대로 제주 곳곳에 전쟁의 상흔으로 남아버렸다. 만에 하나 일본이 이때 미연합군에 항복을 하지 않았다면 제주의 운명은 어떻게 되었을까?

그 답은 1945년 4월부터 6월까지 오키나와의 사례를 보면 알 수 있다. 태평양전쟁에서 일본은 옥쇄(玉碎)전이라는 특이한 전술을 사용했다. '옥을 산산조각 낸다' 는 원뜻을 지닌 옥쇄는 "살아남아 포로로 굴욕을 겪지 않고 천왕을 위해 자살한다"는 의미였다. 일본군은 포로를 보호한다는 제네바조약에도 불구하고 포로가 되는 것을 치욕으로 여길 것으로 세뇌당했다. 그런데 이는 군인뿐만 아니라 민간인에게도 강요되었다. 많은 오키나와인들은 일본의 패색이 만연할 무렵 천황과 일본제국을 위해 집단자결을 강요받았다. 일본군은 오키나와 주민들에게 미군이 상륙하면 "남자들은 찢어 죽이고 여자들은 집단강간하여 불태워 죽인다" 는 유언비어를 날조해 주민들을 극단의 공포로 몰아넣었다. 주민들은 공황상태에서 자살을 선택했다. 쥐약, 청산가리, 농기구, 면도칼, 식칼 등 목숨을 끊을 수 있는 모든 것들이 총동원되었고, 여러 명이 한꺼번에 죽기 위해 수류탄도 사용했다. 부모가 자식을 죽이는 등 섬은 순식간에 아비규환의 지옥도를 연출했다. 말이 자결이지, 국가적 차원의 집단학살이나 다름없었다. 이로 인해 오키나와 인구의 1/3에 해당되는 10만 명의 민간인이 일본군의 총알받이로 또는 집단자결로 숨졌다. 연합군이 오키나와가 아닌 제주도를 통해 일본에 상륙하는 작전을 택했다면 제주는 옥쇄지역이 되어 수십만 명의 희생자를 낳았을 것이다. 아니, 오키나와보다 더 큰 살상이 일어났을 거란 가정도 어렵지 않다.

● 근대 전쟁문화유산 보존의 필요성
다크 투어리즘의 현장

제주섬 전체를 공포로 몰아넣었던 동굴진지는 일본의 전쟁광기에 압살당했던 제주의 아픈 역사를 날것 그대로 증명한다. 당시 동굴진지 등 일본이 제주를 요새화하기 위해 강제로 동원했던 조선인 징용자와 제주도민은 2,500여 명으로 추산된다. 하지만 이영근 씨 부자의 경우처럼 지금껏 제주에서 이루어진 전적지 조사는 국가가 나서서 한 게 아니라 주민의 증언을 바탕으로 민간인에 의해 이루어져왔다. 한때 제주전쟁역사평화박물관은 운영난으로 어려움을 겪어 일본 매각까지 거론됐던 적이 있다. 다행히 뒤늦게 문화재청이 나서 박물관을 매입해 일제 동굴진지 재개방과 활용 여부에 대한 용역에 착수했으나 끊임없이 잡음이 이어져 표류중이다. 더군다나 제주 전역에 즐비한 전쟁유적들이 보존되지 못하고 방치되었고, 대부분의 동굴진지들은 사유지에 포함되어 실태조사와 보존에 어려움을 겪고 있다. 그나마 1990년대 초까지 남아 있던 일제강점기의 근대건축물들도 대부분 철거되어 버렸다. 태평양전쟁때 지어진 동굴진지, 비행장과 같은 전쟁유적들은 제주도민들의 뼈와 살을 다져 만든 인골탑이나 마찬가지다. 강제노역에 동원됐던 주민들은 해방이 된 후 오랜 시간 동안 일본은 물론 대한민국 행정기관의 무관심 속에 물리적 보상은커녕 자신이 겪었던 일에 대해 제대로 발언할 기회조차 얻지 못했다. 이들은 일제치하의 피해자이자 한 시대의 야만과 고난을 증언하는 목격자이기도 하다. 제주는 일제강점기에 이은 4.3항쟁과 한국전쟁을 통해 대규모의 인명 피해를 경험했다. 식민지의 유산이 제대로 해결되지 않은 상황과 한반도가 분단체제로 고착화되는 과정이 맞물려 중앙정부의 군사적 진압으로 제주섬 전체가 온통 학살터로 변모한 적도 있다. 일제강점기에 만들어진 수많은 군사기지들과 건축물이 제대로 조사되지도 못한 채 사라져버리면 제주도민들의 뼈아픈 역사도 함께 사라지는 셈이다. 이에 대한 진상조사 역시 제대로 이루어지지 않는 한 대한민국은 식민지와 전쟁 그리고 냉전시대의 그늘에서 자유롭지 못할 것이다.

♥ 제주전쟁역사평화박물관 : 제주시 한경면 청수서5길 63 (064.772.2500)
♥ 관람시간 : 08:00~18:00 (동절기에는 08:30~17:00), 연중무휴
♥ 관람료 : 성인 6000원, 청소년 / 어린이 / 경로우대 4000원

● 알뜨르비행장과 통한의 섯알오름 학살터

송악산에서 서쪽으로 자동차로 5분 정도 달리면 가슴속까지 탁 트이는 너른 평원이 펼쳐진다. 제주섬에 이렇게 넓은 평야가 있었나 싶을 정도로 풍광 좋은 벌판이 펼쳐진 곳은 대정읍 하모리에 있는 알뜨르비행장이다. '알뜨르'는 제주방언으로 '아래'를 뜻하는 '알'과 '들녘'을 뜻하는 '드르'가 합쳐져 '아랫 뜰'이라는 뜻이다. 지금은 감자와 고구마, 무 등을 심은 밭이지만 일제는 전망 좋은 이곳에 중국대륙 정복을 위한 알뜨르비행장을 만들었다. 당시에는 전투기 구조상 일본에서 중국으로 한 번에 날아갈 수 없었고, 중간에서 반드시 연료를 보충해야만 했다. 따라서 일본군은 연료를 보급할 기지를 위해 알뜨르에 눈독을 들였고, 그곳에 살고 있던 주민들을 모두 내쫓았다. 물론 내쫓은 주민들을 비행장 건설에 동원시키는 것도 잊지 않았다. 1926년부터 건설하기 시작해 몇 번의 확장공사를 거쳐 1940년에 이르러 그 규모가 무려 80만 평에 달했

1. 알뜨르비행장 격납고. 내부에는 태평양전쟁 중 가장 많이 쓰였던 일본전투기 제로센을 실물크기로 형상화한 박경훈 작가의 작품이 들어 있다. 2010년 경술국치 100년 기획으로 알뜨르비행장에서 열린 〈알뜨르에서 아시아를 보다〉의 출품작 중 하나다.
2. 5.16 직후 파손된 백조일손지묘 진해 (4.3평화기념관 전시물)

다. 활주로도 남북 1,400km, 폭 70m나 된다.

1937년 중일전쟁이 발발하자 8월부터 11월까지 총 37회에 걸쳐 중국 난징을 비롯한 중소도시 폭격을 위해 출격한 기록이 남아 있다. 당시 총 30톤의 폭탄을 투하하여 수많은 난징시민들을 살상했다고 한다. 이처럼 난징대학살에 제주가 연루되었다는 사실은 우리 마음을 무겁게 한다. 또한 태평양전쟁 말기 일본의 제주도 주둔군 중 최정예부대였던 111사단의 포병대가 배치, 해군 56비행전대가 주둔했던 곳이다. 이곳에 오면 눈길을 끄는 시설물이 있는데, 당시 '아카톰보' 라는 소형 폭격기를 감추기 위해 만든 격납고다. 어찌나 견고하게 만들었는지 70년 세월의 흔적도 비껴간 느낌이다. 근처에 세워진 표지판을 통해 내용을 알지 못하면 격납고는 밭에서 생산한 농산물을 위한 창고처럼 보인다. 격납고 한 곳에는 철제 전투기 모형을 실제 크기로 재현해놓은 조형물도 들어 있다. 폭 20m, 높이 4m, 길이 10m 규모의 격납고 20여 개가 너른 들녘에 흩어져 있어 70여 년 전의 비행장으로서의 위용을 여전히 과시한다. 콘크리트로 지은 격납고 지붕은 나무로 위장해 격납고 안으로 비행기가 들어가면 상공에서 비행기가 안 보이게 설계되었다. 처음에는 비행장의 규모에 놀라고 격납고의 개수에 또 한 번 놀랐다가 마지막에는 일본군의 주도면밀한 위장술에 놀라 아연실색할 정도다. 더군다나 모슬포는 바람이 유달리 거세서 '못살포'라는 별명을 얻게 된 것을 증명이라도 하듯 허허벌판에서 부는 바람이 매섭기 그지없었다. 전신을 때리는 듯한 매서운 바람은 아름다운 풍광 뒤에 숨겨진 제주의 쓰라린 역사와 제주민들의 고통을 상기하라는 하늘의 손찌검처럼 느껴졌다.

현재 알뜨르비행장은 국방부 소유이며 옛 활주로를 제외한 모든 구역을 주민들이 국방부의 허락을 받고 경작지로 이용하고 있다. 활주로 주변에는 탄약고 터, 고사포 진지, 벙커 같은 군사시설도 있어 근현대사에서 중요한 곳이다. 2006년 문화재 제316호로 지정된 데 이어 2014년 서귀포시는 이곳에 2018년까지 총사업비 80억 원을 투입해 '다크 투어리즘'을 추진한다고 밝혔다. 그중 섯알오름 탄약고 터는 일제강점기 일본군이 제주도민을 동원해 구축한 곳인데 해방 직후 미군이 폭파한 후에 대규모 학살이 이루어진 곳이다. 4.3사건이 일단락되고 발발한 한국전쟁에 희생된 민간인들을 위한 위령비도 만날 수 있다.

1948년 4.3항쟁때 군경의 토벌작전을 피해 산으로 피신했던 사람들은 이후 엄격한 심사를 받고 4.3이 마무리되자 일상으로 돌아왔다. 하지만 한국전쟁이 발발하자 정부는 이들이 북한군의 부역자가 될지 모른다며 '예비검속법'을 적용해 체포, 1950년 7월 7일 새벽 섯알오름 탄약고였던 구덩이에 주민 200여 명을 학살해 암매장했다. 유족들은 학살현장을 찾았지만, 공포를 쏘며 저지하는 무장군인들의 방해로 무려 6년이 지난 후에야 132구 가량의 유골을 모을 수 있었다. 아이들과 어른 뼈를 대충 얼기설기 맞춰 모슬포에 매장하고 1959년 5월 '백조일손의 묘'를 만들고 위령비를 세웠다. '백조일손'은 "백 명의 할아버지의 한 명의 후손"이란 뜻으로 대량학살이 빈번했던 20세기 한반도의 통한의 역사를 반영한다. "조상이 다른 일백서른두 할아버지의 자식들이 한날, 한시, 한곳에서 죽어 뼈가 엉겨 하나가 되었으니 한 자손"이 된 셈이다.

1960년 4.19혁명 직후, 과도정부 임시국회에서 양민학살 '진상조사에 관한 결의안'이 가결되어 잠시나마 유족들의 억울함을 풀

---

9 전쟁이나 학살 등의 비극적인 역사의 현장, 엄청난 재난과 재해가 일어났던 곳을 돌아보며 교훈을 얻기 위해 떠나는 여행을 말한다. 블랙 투어리즘(Black Tourism) 또는 그리프 투어리즘(Grief Tourism)이라고도 하는데, 대표적인 다크 투어리즘 장소로 제2차 세계대전 당시 약 400만 명이 학살당했던 폴란드의 아우슈비츠 수용소, 9·11테러가 일어난 뉴욕 월드트레이드센터 부지인 그라운드 제로 등을 들 수 있다.

수 있는 한 가닥 희망이 보이는 듯했다. 하지만 1960년 5.16 쿠데타 세력이 집권하자마자 위령비를 파괴하고 가족들은 기나긴 세월 연좌제에 묶여 숨죽여 살아야만 했다. 군사쿠데타를 일으킨 주역 중 한 명이 4.3때 학살명령을 내렸던 책임자였기 때문이다. 문민정부가 들어선 1993년에야 제주도의 후원으로 유족들은 서귀포시 안덕면 사계리에 다시 한 번 위령비를 세울 수 있었고 매년 음력 7월 7일 이곳에서 합동위령제가 열린다. 5.16 쿠데타 세력에 의해 파괴된 '백조일손의 묘' 파편의 일부는 현재 4.3평화기념관과 원래의 자리에 각각 나뉘어 보존되어 있다.

♥ 알뜨르비행장 및 일본군 비행기 격납고 / 섯알오름 학살터 :
서귀포시 대정읍 상모리

● 닮은 구석이 많은 제주와 오키나와

에메랄드 물빛을 자랑하는 관광의 섬, 해조류와 함께 삶은 돼지고기를 즐겨먹는 식습관, 화장실에서 돼지를 키우는 통시문화..
닮은 구석이 많은 오키나와와 제주. 두 섬은 태어나자마자 각각 다른 집에 입양된 일란성 쌍생아를 연상시킨다. 동아시아 변경의 섬 오키나와는 제주와 연계해서 주목할 필요가 있다. 지리적으로 태평양을 함께 접하고 있고 역사적으로도 유사한 점이 많다.
두 지역은 한때 각각 류큐왕국과 탐라국이라는 이름으로 독자적인 왕국을 형성하고 해상교역을 하며 번성했던 경험을 가지고 있었다. 하지만 탐라는 고려에 복속되고 류큐는 도쿠가와 막부에 독립성을 심각하게 훼손당했다. 근대에 들어서는 일본에 의해 류큐와 조선 두 왕조가 모두 역사의 무대에서 지워져버렸다.

20세기 들어서 섬은 때론 장기판의 '졸' 역할을 한다. 섬을 복속한 국가들이 필요할 때는 자기 영토라고 우기다가 문제가 생기면 가장 먼저 희생양으로 삼기 때문이다. 태평양전쟁은 일본이 점령한 남양군도와 오키나와 그리고 제주 등 섬을 무대로 펼쳐졌다. 제주와 오키나와는 일본 본토의 방위를 위한 도구로서 앞서거니 뒤서거니 하며 착취와 대량학살을 겪었다. 제주가 일본군의 군사요새화 작전에 의해 수탈당했을 때, 오키나와는 1945년 미군의 일본 본토 공격을 저지하고 천황제를 사수하기 위해 주민 대다수가 희생되었다. 종전 후 두 섬은 미군정의 지배를 받게 된다. 오키나와는 대규모 군사기지 건설로 몸살을 겪고, 제주는 4.3사건으로 집단학살을 겪었다. 한국전쟁을 거치면서 오키나와는 미군의 B-29 출격기지가 되어 한국전에 직접적으로 연루되었다. 종전과 함께 미군은 오키나와에 새로운 기지를 건설하기 위해 '토지수용령'을 공포했다. 이에 대해 오키나와 주민들은 토지수탈에 대항하여 대규모 투쟁을 벌였다. 오키나와 주민들의 군사기지 탈피 움직임이 최고조에 이르자 미군은 제주도에 눈독을 들인다. 1960년대 말 오키나와가 베트남전쟁의 출격기지로 이용되자 주민들이 미군기지 철거와 오키나와 반환을 요구하며 대중운동이 더욱 가열되었다. 이를 계기로 오키나와 대신 제주도에 군사기지화 움직임이 가시화되었다. 한술 더 떠 우리 정부는 오키나와 미군기지 축소나 폐쇄에 대비해 제주도에 미군기지를 제공하겠다며 나섰다. 예산문제와 오키나와 미군기지가 그대로 유지되는 바람에 보류되었지만 1988년 제주는 또 한번 군사기지화 압력에 직면했다. 당시 노태우 정부는 한국군 현대화 작전의 일환으로 송악산 일대 197만평 규모의 군사기지와 비행장을 건설할 계획이었다. 이에 대정지역 주민들이 거센 반대운동을 벌여 군사기지 건설계획을 백지화시켰다.

오키나와는 1972년 일본 영토로 복귀한 뒤에도 미일안보조약에 따라 계속해서 미군이 주둔했다. 한동안 미군기지 철거운동이 별다른 진전이 없다가 1995년, 12세 소녀가 미군에게 성폭행을 당하는 사건이 발생하면서 재점화되었다. 이 사건으로 미일지위협정 재검토를 요구하는 오키나와 현민 총궐기대회가 열린 가운데, 후텐마 비행장을 포함한 오키나와 미군기지의 축소방안에 관한 양국 간 협의가 진행되었다. 양국 정부는 1996년 최종보고서를 통해 후텐마 대신 헤노꼬 앞바다에 대체기지를 건설하기로 합의했다. 하지만 헤노코 주민들의 반대로 지금까지 성공하지 못하고 있다.

제주섬도 21세기에 접어들어 여전히 군사기지 문제로 몸살을 앓고 있다. 2007년 국방부는 서귀포 강정마을을 해군기지 후보로 선택했다. 역설적이게도 2005년 1월, 정부는 제주도를 '세계평화의 섬'으로 지정한 바 있다. 막대한 비용이 드는 국책사업이지만 주민 중 87명만 참석한 채 해군기지 유치 건을 통과시켰다. 해군기지 건설이 확정되면서 평화의 섬 정책은 무력화되었고, 공사 시작과 함께 반대하는 마을주민들과 극심한 충돌을 벌였다. 그러나 해군은 2012년 강정마을의 성지와도 같았던 구럼비바위를 폭파시킨 데 이어 바다를 메우고 방파제를 짓는 등 공사를 강행했다. 결국 9년에 걸친 주민들의 저항에도 불구하고 2016년 2월 26일 강정마을에서 제주해군기지 준공식이 열렸다. 정부와 해군은 살상기구인 군대의 본질을 가린 채 민군복합형관광미항을 조성한다고 강조해왔다. 하지만 해군기지 건설이 마무리된 지금도 여전히 마을에는 해군기지 결사반대 깃발이 나부끼고 있다. 그동안 700명이 넘는 주민과 평화운동가들은 전과자가 되었고, 이들이 재판에 넘겨져 부과된 벌금만 3억 8천만원이 넘는다. 해군은 강정마을 주민들에게 34억 5천만원에 이르는 구상금도 청구했다. 마을주민들도 찬반으로 갈려 반목하면서 형제 친척들조차 명절, 제사를 따로 지낼 정도로 마을공동체가 무너져버렸다.

제주발전과 국익에 크게 기여할 것이라는 정부 견해와 달리, 주민들과 평화운동가들은 해군기지 건설은 제주를 "군사적 긴장 속에 동아시아의 화약고"로 내몬다며 우려해왔다. 또한 "미군기지가 들어선 후 폭력과 성범죄 문제가 불거진 오키나와의 사례에서 볼수 있듯 아름답고 한적한 시골마을이 어떻게 망가질지 불 보듯 뻔

하다" 며 "제주도민들과 대한민국의 모든 국민들에게 해군기지 준공과 무관하게 희망의 끈을 놓지 않고 평화의 길을 호소하며 살아갈 것" [10]이라며 이후에도 주민들이 저항을 이어갈 것임을 밝혔다.

오키나와 또한 미군기지 이전을 둘러싸고 아베정권과의 싸움이 뜨겁다. 현재 오키나와는 일본영토의 0.6%에 불과한 데도, 미군기지의 75%가 집중되어 있다. 정부가 추진해온 후텐마 비행장 이전에 대해 오키나와 주민 70%가 반대하고 있다. 이 모든 문제는 전후 제주와 오키나와를 그저 군사기지로만 취급한 일본과 미국의 군사적 관계에서 비롯된 것이다. 무엇보다도 미국은 21세기 강대국으로 급부상하는 중국을 견제하기 위해 두 섬을 미군의 하위 파트너로서 군사작전에 활용하려는 의도가 명약관화하다.

2000년대 이후 새로운 군사기지 건설 문제에 직면하고 있는 제주와 오키나와의 평화운동가들은 군사기지 확장에 대한 반대활동, 제주 강정 해군기지 저지 범대위 등의 평화연대활동을 지속하고 있다. 같은 운명공동체 속에서 제주와 오키나와가 지난날의 상처를 보듬고 평화의 섬으로 거듭나기 위한 공동의 노력은 참으로 눈물겹기 그지없다. 근현대사의 상처와 눈물로 얽혀 있는 두 섬이 진정한 평화의 섬으로 정착하게 될 날은 과연 언제일까?

---

10 헤드라인 제주 〈제주해군기지 민군복합항 준공식 '긴장' .. "끝나지 않은 투쟁"〉 2016.02.23.

Part 2

제주
민속문화의
원형을 찾아서

금능석물원

제주
돌문화공원

● 대지미술로 형상화된 탐라의 신화

지금은 폐원하여 추억의 관광지로 기억되고 있지만, 1970~90년대 제주시 아라동에는 탐라목석원이라는 관광지가 있었다. 단체관광객, 신혼여행부부들이 꼭 들르는 인기코스였는데 개인이 제주 전역에서 수집한 기암괴석과 고사목 뿌리 등으로 사람 형상, 동물 형상을 꾸며 거기에 이야기를 입힌 테마관광지였다. 관광자원에 '스토리텔링'을 접목해 마케팅 효과를 극대화한다는, 당시로선 획기적인 발상이어서 매스컴에도 여러 번 소개되면서 아주 유명해졌다.

나는 1990년대 초 제주로 졸업여행을 갔을 때 가본 적이 있다. 야외전시장에 한 개인의 수집품이라기엔 믿기 어려운 엄청난 분량의 수석들과 희귀 분재들이 있었다. 여기에 갑돌이와 갑순이가 부부의 연을 맺은 후 벌어지는 일련의 희노애락을 테마로 한 전시공간이 있었다. 당시 안내원이 전래동화처럼 들려줬는데 전시된 돌과 나무 형상과 딱딱 맞아떨어져 재미있었던 기억이 난다.

한때 연간 관람객이 130만 명에 이르는 등 제주 관광산업 발전에 이바지했던 탐라목석원의 주인은 제주출신 백운철 씨. 그는 서울 예전에서 연극을 전공하다 군에 입대, 1967년 설악산 한계령에서 공병(工兵)으로 복무하다 설악산 일대에 널린 돌맹이와 나무뿌리의 아름다움에 눈뜨게 되었다. 주말이면 돌과 나무를 줍고 다듬는 취미생활을 했다. 이후 제대하여 고향으로 돌아와 한라산 일대를 누비며 흡사 무언가에 홀린 듯 희귀석과 죽은 나무뿌리를 캐고 다녔다. 사람들은 그를 미친 사람 취급했고 어머니는 그에게 귀신이 들렸다고 세 차례나 굿판을 벌였다. 그때만 해도 그가 제주의 소중한 문화유산의 파수꾼인 줄 아무도 몰라봤던 거다. 동네마다 발에 걸리던 게 현무암이고 숲에 널린 게 나무뿌리였으니 말이다.

당시 현무암이나 화산암을 비롯한 제주의 돌은 현지인보다 일본인들이 그 가치를 더 알아봐서 헐값에 일본으로 대거 유출되고 있었다. 고향의 돌과 나무가 일본인들에게 팔려가는 현실이 안타까울수록 그는 더 열심히 수석을 수집했다. 그러다 1975년에 아라동 임야 5천 평을 사들여 자신이 그동안 모은 수석을 일반인들에게 공개하기 위해 목석원을 차린 것이었다.

목석원은 이후 20년간 인기관광지로 주목받았지만 제주에 점차 새로운 볼거리가 많아지면서 목석원의 인기도 예전 같지 않았다.

1998년, 백운철 씨는 그간 운영해온 목석원을 정리하고 수집품들을 제주도에 기증했다. 그러면서 평생 모은 수천 억 원대 가치의 목석원의 소장품을 기증할 테니 북제주군에서 30만 평의 터를 제공해 세계적인 돌문화공원을 짓자고 제안했다. 당시 북제주군수는 한술 더 떠 "후손들에게 길이 물려줄 문화의 터전을 지으려면 100만 평은 있어야 한다"며 통 큰 결단을 내렸다. 7년의 공사 끝에 2천여 억 원 규모의 제주돌문화공원의 역사가 시작된 것이다. 공원 테마도 한라산 영실에서 전해 내려오는 '설문대할망과 오백장군' 설화로 정해 제주만의 정체성을 한껏 살렸다. 이는 제주 고유의 문화를 보존, 계승하려는 민관협력의 아름다운 사례로 길이 남을 것이다.

대중에게 개방되었지만 아직 돌문화공원은 여전히 조성중에 있다. 2006년에 공개된 제1차 조성지역도 나무랄 데 없지만, 2020년으로 예정된 전체 공정이 완료되면 지금 규모의 4배가 될 것이다. 도대체 얼마나 발품을 팔아야 할지 가늠이 안 된다. 완공이 마무리되면 전시공간과 창작공간 및 관련연구소, 위락시설이 조화롭게 어울리는 세계적인 문화생태공원이 될 것이다.

100만 평 규모는 대충 환산해보면 축구장 500개 정도가 들어설 땅덩어리다. 어찌나 넓은지 돌문화공원 안의 3개 코스를 다 둘러보려면 각 코스별로 잰걸음으로 돌아도 1시간을 훌쩍 넘기기 일쑤다. 여기에 오백장군갤러리, 돌박물관, 형성전시관까지 제대로 둘러보려면 반나절 정도는 잡아야 할 것 같다. 그저 걷고 또 걸어야 하니 반드시 바닥이 튼튼한 운동화를 신어야 한다.

하루에 다 보지 않고 코스별로 나누어 여러 차례 방문하는 것도 좋은 방법이다. 이곳은 안개가 낀 날이나 비나 눈이 오는 날, 바람 부는 날, 햇빛 쨍쨍한 날 그 어느때 와도 대자연의 심기에 따라 저마다 다른 분위기를 전달해주기 때문이다. 단, 산책로가 길고 비포장도로가 많아 날씨가 궂은 날에 가면 장애인이나 노약자들은 구경하기 힘들다.

● 제1코스

설문대할망 신화 속으로 진입하는 관문

화산섬 제주도. 태초에 이곳은 신들의 터전이었다. 그것도 무려 18,000여 신들이 제주도민의 삶 속에 깊숙이 개입하고 있어 제주를 신들의 본향이라고들 한다. 그 신들 중 으뜸은 단연코 설문대할망. 제주도 방언으로 '할망' 은 할머니를 의미한다. 제주신화에서의 할망이라는 단어는 여신의 의미로 해석된다. 여자가 많은 섬답게 개벽신화 주인공도 여성이지만 단지 머릿수가 아닌 제주 여성들의 강인한 생활력에서 설문대할망 이미지가 탄생하지 않았을까? 전해오는 설문대할망 신화를 요약하자면 다음과 같다.

탐라국의 창조신인 설문대할망은 옥황상제의 셋째 딸로 기골이

장대한 거인이었다. 그녀가 치마에 흙을 담아 몇 번 퍼다 날라 만든 것이 한라산이요, 터진 치마 사이로 떨어진 흙이 제주 오름이 되었단다. 할머니 몸집이 얼마나 컸는지 비단 백 동이 있어야 속옷을 해 입을 정도였다. 할망은 제주 백성들에게 속옷을 만들어주면 육지까지 다리를 놓아주겠다고 약속했다. 하지만 백성들은 비단을 아흔아홉 동 밖에 모으지 못해 제주는 섬으로 남게 되었다.

할망은 설문대하르방을 만나 오백 명의 아들을 낳아 한라산에서 살았다. 설문대할망의 죽음에는 두 가지 설이 있다. 하나는 오백 형제들이 어느 날 모두 양식을 구하러 나간 사이, 할망이 아들들을 위해 죽을 쑤다가 죽솥에 빠져 죽었다는 이야기가 널리 알려져 있다. 어머니의 죽음을 알길 없는 아들들은 집에 돌아와 맛있게 죽을 먹다가 솥바닥에 놓인 어머니의 뼈를 발견했다. 모두 슬피 울다가 한라산 영실의 기암괴석이 되었는데 이것이 바로 오백장군이다. 또 다른 버전은 그녀가 키 자랑을 하다가 한라산 물장오리에 빠져죽었다는 이야기다.

어떤 결말을 선택할지는 듣는 사람의 몫으로 남겨두고, 이제 설문대할망과 그 아들들인 오백장군을 만나러 긴 여정을 시작해보자.

우선 매표소에서 표를 사고 돌박물관에서 오백장군갤러리를 거쳐 어머니의 방으로 이어지는 제1코스인 '신화의 정원' 으로 접어들자. 우람한 거석들이 양 편에 세워진 '전설의 통로' 는 신화의 세계로 진입하는 길목처럼 느껴진다. 전설의 통로를 지나면 자식을 부둥켜안고 있는 듯한 모자상이 서 있다. 설문대할망과 오백장군의 전설을 테마로 한 공원 곳곳에는 어머니와 관련된 돌 형상들이 많이 전시되어 있다. 전설의 통로를 지나 직진하면 돌박물관에 도착한다.

돌문화공원의 중심시설이라고 할 수 있는 돌박물관은 지하로 내려가야 입구가 나온다. 모든 공간을 땅에 묻었기 때문이다. 원래 이 자리는 8m 정도 푹 패인 구릉지였다고 한다. 과거 10년간 생활쓰레기 매립지였던 곳인데, 이쯤 되면 그 용도변경이 가히 상전벽해급이다. 대지 위로 솟구치지 않고 땅으로 꺼진 건축물 덕분에 오름과 들판, 숲으로 이루어진 풍광이 더 돋보인다.

내부는 한번 들어가면 두어 시간은 훌쩍 넘길 만큼 다양한 볼거리가 제공된다. 제주의 형성과정과 화산활동을 보여주는 영상실과 제주의 오름, 동굴, 퇴적물, 지형 등 9가지 테마로 구성된 형성전시관 그리고 제주 기암괴석을 전시해놓은 수석갤러리가 펼쳐진다. 특히 그 어느 곳에서도 보기 힘든, 자연의 손길이 빚어낸 아름다운 돌들이 진열된 수석갤러리는 웬만한 현대미술 갤러리를 방불케 한다. 그야말로 돌들의 향연 속에서 신선노름 하는 느낌이 드는데, 제주에 현존하는 기상천외 기기묘묘한 자태를 지닌 명품 돌들만 골라 한데 모아놓은 것 같다.

박물관을 나오면, 건물 옥상에 해당되는 평지에 자리 잡은 하늘연못이 시선을 끈다. 지름 40m, 원둘레 125m의 이 거대한 인공연못은 설문대할망이 빠져 죽었다는 한라산의 '물장오리'와 영실의 '죽솥'을 형상화했다고 하는데, 죽솥이라고 하기엔 너무 서정적이고 우아한 조형미를 뽐내고 있다. 매년 설문대할망 축제 등 각종 행사때 하늘연못에서 연극·무용·연주회 등을 선보이는 수상무대가 펼쳐진다고 하는데 주변 오름과 어우러져 그 자체로 환상적인 그림이 나올 법하다.

돌박물관에서 나와 오백장군갤러리 쪽으로 걸어가다 보면 돌문화 야외전시장이 펼쳐진다. 전시관에서 지하공간에 진열된 돌들을 관람했다면 야외무대에서는 지상에 늠름하게 도열한 대규모 석상들을 만나게 된다. 더불어 대자연이 주는 탁 트인 시야와 신선한 공기, 바람, 햇볕을 만끽할 수 있다. 우선 설문대할망과 오백장군 상징탑이 눈에 들어오는데, 설문대할망제 문화행사가 열리는 매년 5월이면 이곳에 제단이 차려지고 제의식이 진행된다. 산책로를 따라 걷다 보면 제주특별자치도 민속자료 2-21호인 돌하르방, 어머니를 그리는 선돌 등을 차례로 만나게 된다.

특히 오백장군을 형상화한 5~7m 규모의 석상들은 스케일 면에서 압권이다. 부피가 워낙 커서 실내에 설치하기 힘들어 보이지만 워낙 드넓은 대지에 들어서 있어 모여 있어도 크다는 느낌이 들지 않는다. 가장 원시적인 재료인 돌을 자연스런 방식으로 쌓아놓았지만 거대한 돌들은 그 자체만으로 힘찬 에너지를 발산하고 있다.

1. 제1코스 진입로인 '전설의 통로'
2. 오백장군갤러리 내 상설전시관에 진열된 조록나무 뿌리
3. 제1코스의 대미를 장식하는 '어머니의 방'은 돌문화공원
의 하이라이트라고 할 수 있다. 방 안에 전시된 관세음보살 모
자상의 그림자는 영락없이 아기를 안은 어머니의 모습이다.
4. 오백장군갤러리 진입로 양 옆으로 들어선 오백장군 군상

각각의 돌들은 어머니의 살을 나눠먹은 고뇌와 속죄의 무게를 짊어지고 있는 것처럼 보인다. 오백장군 돌무더기 중심부에는 지구본이 있는데 미래의 지구환경 지킴이 역할도 하고 있다. 한라산 영실 분화구에 있는 오리지널 오백장군(오백나한)은 실은 499명이다. 설문대할망의 막내아들은 맨 마지막에 죽을 뜨려다 어머니의 몸인 줄 알고 먹지 않고 홀로 떠나 바위섬 차귀도가 되었단다.

고대 거인들처럼 보이는 돌덩어리들은 그 자체로 원초적인 조형미를 간직하며 묵직한 덩어리감을 전달한다. 거석 덩어리를 날것 그대로 잘라 쌓아놓은 형상은 반추상적인 인간군상으로 유명한 스위스 출신의 작가 우고 론디노네의 작품을 연상시키기도 한다.

오백장군 군상은 타임머신을 타고 토테미즘 시대로 시간여행을 한 듯 태고의 이야기를 품고 있는 것 같았다. 사실 만들어진 지 얼마 안 되지만 원래 요지부동 그 자리를 지켜온 구석기 유적처럼 느껴진다. 영국 스톤헨지에 온 것 같기도 하고 폐허가 된 포로 로마노나 그리스 유적지에 온 것도 같다. 이곳에선 존 부어맨 감독의 〈엑스칼리버〉(1981) 같은 고대 신화를 다룬 영화의 한 장면이 펼쳐진다. 아니, 태고적 한반도의 신화를 다룬 영화를 찍어도 손색없는 배경이다. 안개 낀 날이나 눈 비 오는 날에 찾아가면 저 멀리 오름자락과 어울려 한 폭의 수묵화를 보는 느낌이 들 것 같다.

2010년에 개관한 오백장군갤러리도 놓치지 말고 꼭 들러야 할 곳이다. 상설전시관에서는 제주특별자치도 기념물 제25호인 조록

나무 뿌리를 전시하고 있다. 모두 40년간 목석원 소유였다가 제주 돌문화공원에 기증된 것이다. 조록나무는 한라산 해발 7,000m 이하에서만 자생한다. 나무가 죽으면 썩을 부분은 썩고 남은 부분은 독특한 형상으로 굳는데 그 모양이 흡사 포효하는 짐승같다. 게다가 물에 뜨지도 않고 불에 타지도 않는 성분으로 변한다고 하니 그 자체로 독특한 파운드-오브제(found-object) 아트가 되는 셈이다.

제법 규모가 큰 기획전시실에서는 웬만한 미술관 못지않은 수준 높은 작품들을 전시한다. 그동안 변시지 화백 특별전 및 독일인 한국학 박사 1호이자 제주를 너무 사랑하는 베르너 사세의 수묵화전에 이어 '윤석남전 - 심장'이 열렸고 '제주민속사진 3인전' '김양동 - 한국미의 발견' 등 다양한 장르의 예술작품이 선보였다. 무엇보다도 기획자가 돌문화공원 테마에 맞는 작품으로 채우기 위해 고심한 흔적이 보일 정도로 작품들이 훌륭해서 공원의 품격을 한층 높여준다.

돌로 쌓은 '어머니의 방'은 제1코스인 '신화의 정원'의 대미를 장식하는데, 안의 전시품은 돌문화공원의 하이라이트에 속한다. 방 안에는 관세음보살 모자상이 별도로 전시되어 있는데 빛에 투영된 그림자는 영락없이 아기를 안은 어머니의 모습이다. 이 모자상은 하마터면 10억 원에 팔려 일본으로 밀수출될 뻔했는데 극적으로 박물관측에서 인수했다. 현재 돌문화공원 내에서 그 위상이 국립중앙박물관의 반가사유상 못지않다.

● 제2~3코스

광활한 대지 위에 펼쳐진 돌들의 향연

돌박물관의 오른쪽에는 2코스인 '제주돌문화전시관'이 오름과 어우러진 곶자왈 숲길에 자리잡고 있다. 숲길에 접어들기 전에 오름을 배경으로 반달모양으로 도열한 하르방 군상들을 만날 수 있는데, 이스터섬의 모아이 못지 않은 위용을 보여준다. 제2코스는 선사시대부터 근현대까지 제주의 돌문화를 보여주는 야외전시장이다. 사통팔달 탁 트인 공간에 선사인의 주거공간이었던 빌레못 동굴을 비롯하여 우도동굴유적, 고인돌과 선돌, 무덤유적들을 재현해 놓았다. 고려 · 조선시대의 돌문화는 곶자왈에 조성된 970m에 달하는 숲길을 따라 꾸며졌는데, 고려시대 사찰유적인 수정사지, 존암사지, 원당사지에서 나온 돌문화 관련 유물들을 볼 수 있다.

또한 시대적 배경이 확실치 않지만 현재 제주시 산지천 부근에 서 있는 동자복, 서자복을 복제한 전시물도 볼 수 있다. 특히 숲 곳곳에 육지에선 볼 수 없는 제주의 무덤 돌담인 산담과, 산담을 지키는 동자석, 문인석도 보인다. 숲속요정처럼 한데 모여 있는 제주특유 동자석들의 단순하면서도 소박한 조형미는 20세기 모더니즘 조각을 떠올리게 한다. 그 외에 돌과 관련된 민간신앙을 반영하는 석물들도 만날 수 있고, 코스 말미에는 민간 생활용품인 정주석과 맷돌, 장독, 하르방 등을 길 따라 늘어놓거나 쌓아놓았는데, 작은 규모의 대지미술을 보는 것 같다. 옛 제주의 마을공동체에서 사용한 소박한 물품들을 색다르게 배치하니 현대미술처럼 신선하다.

제3코스인 '제주전통돌한마을'은 지금은 거의 사라져버린 제주 옛마을의 정취를 재현해 놓았다. 단순히 옛집을 전시해 놓았다기보다는 돌에게 또 다른 생명을 부여한 제주인들의 지혜와 예술적 감각을 엿볼 수 있다. 비록 성읍민속마을처럼 사람이 살고 있지는 않아 박제화된 추억의 장소로 보일 수도 있지만 두거리집, 세거리집, 밀방앗간 등 육지와는 다른 제주의 독특한 전통초가집을 볼 수 있다. 특히 제주의 옛 마을이 간직했던 곡선형 '올레'와 직선형 '정낭'의 조화가 빚어내는 리듬감을 느낄 수 있다.
올레는 거리에서 집안으로 들어가기 위한 긴 골목인데 제주에 개발바람이 불면서 점점 사라지고 있다. 우아한 유선형의 곡선으로 이루어진 올레가 사라진 곳에는 격자형의 신도시와 함께 들어선 아파트단지가 차지하고 있다. 올레와 함께 제주 전통 초가집 출입구 역할을 하는 정낭도 사라지고 있다. 정낭은 1970년대까지만 해도 중산간 마을은 물론 제주 시내에서도 쉽게 볼 수 있었는데 점차 철제대문으로 대체되면서 관광지에서나 볼 수 있게 되었다.

제주 전역에 돌들을 테마로 한 박물관과 전시장은 많지만, 돌문화 공원처럼 제주 돌문화의 정수를 종합적이고 체계적으로 보여주는 곳은 없다. 탁트인 제주 들녘을 배경으로 축조된 거대한 돌조형물 들은 그 자체로 대지미술을 보는 느낌이다. 또한 엄청난 규모인데 도 섬의 뛰어난 자연환경과 잘 어울려 환경미술로 봐도 손색이 없다. 개인적으로, 제주에서 인간의 손길이 가미된 것 중에서 가장 걸작으로 꼽는 곳을 들라면 단연코 돌문화공원을 추천하고 싶다. 현재 이곳은 국내관광객들보다도 외국인들, 특히 세계 석학들과 지성인들이 즐겨찾고 있다. 비교적 최근에 조성되었지만 짧은 시 간에 세계적 명소가 되었음을 증명하고 있다. 해마다 5월 15일에 설문대할망제가 열리는데, 축제가 열리는 5월 한 달은 무료로 이용할 수 있다.

주변에는 지난 2011년에 개원한 교래자연휴양림이 있는데, 곶자 왈 지대에 조성된 최초 유일의 자연휴양림으로써 2.3㎢의 방대한 면적에 숲속의 초가, 야외공연장 등이 갖춰진 휴양지구와 야영장 등이 자리잡아 가족단위 나들이객들에게 호평을 얻고 있다.

제주 조천읍 교래리 산119에 있는 제주돌문화공원에 가기 위해서는 제주종합시외터미널과 서귀포시외버스터미널에서 남조로행 버스를 타면 된다.

♥ 제주돌문화공원 : 제주시 조천읍 남조로 2023 (064.710.7731)
♥ 관람시간 : 09:00~18:00 (매월 첫 째주 월요일 휴원)
♥ 관람료 : 성인 5000원, 청소년 / 군경 3500원, 만 12세 이하 / 만 65세 이상 무료

제주돌문화공원의 방대한 스케일을 체험했다면 이번에는 규모는 작지만 아담한 돌문화공원 두 곳을 소개해보기로 한다. 각각 제주 서쪽과 동쪽에 위치한 금능석물원과 북촌돌하르방공원은 개인이 꾸민 테마조각공원이다. 두 곳 모두 자연 속에서 제멋대로 살아온 돌들에게 새로운 생명을 불어넣어 준 예술가들의 작품이 총망라되어 있다.

● 금능석물원 : 익살과 해학으로 새겨진 제주인의 일상

제주시 한림읍 한림공원 인근에 위치한 금능석물원은 1993년 대한민국 명장으로 추대된 석공예 장인 장공익 옹이 1천여 평 부지에 조성한 돌조각공원이다.

장인이 60여 년간 공들여 만든 각양각색의 돌조각품들이 1만 여 점이나 전시되어 있다. 장인은 팔순이 넘은 지금도 여전히 하루 7~8시간씩 돌 앞에서 작업중이며, 운이 좋으면 전시장 안에서 작

금능석물원
1. 높이 6m의 설문대할망과 오백장군들의 조각상
2. **방사탑** : 4.3때 영문도 모르고 죽은 이들의 원혼을 달래기 위해,
각각 다른 얼굴 모양이 조각된 돌들을 쌓았다.

1 2

북촌돌하르방공원
제주의 돌하르방 하나만 테마로 한 조각공원으로,
가족단위로 오붓하게 돌아다니기 좋게 군데군데 포토존도 마련되어 있다.

업하는 모습을 볼 수 있다.

우선 석물원 입구로 들어서자마자 오른편 돌계단을 따라 내려가면 정여굴이 나온다. 어두운 굴 속에 조명을 밝히고 불공을 드릴 수 있는 석불과 불전함을 마련한 작은 불당이다. 굴 안에는 노천탕 크기의 동굴연못도 함께 있어 신비스러운 느낌까지 든다.

굴을 나와 본격적으로 관람로를 따라가면 다양한 테마와 크기의 작품들을 고루 엿볼 수 있다. 돌하르방은 물론 설문대할망, 김녕사굴 등 제주 전설에서부터 돗통시(제주전통화장실), 해녀들, 제주 신당 등 옛날 제주민들의 생활상을 그대로 재현해 놓았다. 저마다 개성이 다르고 스케일도 각각 다른 작품들을 보고 있노라면 이 모든 것을 한 사람이 다 만들었다고 믿기 어려울 정도다. 특히 갓 태어난 오백장군 아기들에게 젖을 먹이는 설문대할망의 형상은 상상력이나 스케일 면에서 압권이다. 이 조각상은 금능석물원에서 가장 큰 규모로 높이 6m, 무게가 100톤에 이른다.

제주인들의 삶을 다룬 작품들은 장인의 해학과 유머감각이 곁들여져 보는 이로 하여금 미소를 짓게 만든다. 우리의 옛 풍속화와 민화를 보는 듯한 정겹고 익살스런 조각 작품에 미소 짓다가도 전시장 말미에서는 사뭇 숙연해지게 된다. 바로 4.3때 불타버린 장인의 고향마을을 재현한 '한산이왓'인데 어릴 적 살던 고향마을 한산이왓의 초가 15채를 그대로 재현해 놓았다.

장공익 장인은 4.3때 외갓집에 갔다 집으로 돌아왔는데 친척과 친구들이 모두 죽고 고향마을도 불타서 없어진 아픈 기억을 갖고 있다. 한산이왓 옆에는 4.3때 영문도 모르고 죽은 이들의 원혼을 달래기 위해 각각 다른 얼굴모양이 조각된 돌들을 쌓은 방사탑이 있다. 개인적으로 금능석물원에서 가장 뛰어난 조형감각을 지닌 전시물이라고 생각한다.

그 밖에 세계 여러 나라의 대통령과 지도자들이 제주도를 방문했을 때 선물했던 돌하르방 모형도 전시되어 있다. 하지만 무엇보다도 제주인의 손으로 이제는 사라진 옛 제주인들의 삶을 재현했다는 점이 금능석물원의 가장 큰 매력일 것이다.

♥ 금능석물원 : 제주시 한림읍 금능리 1282-9 (064.796.3360)
♥ 관람시간 : 8:30~18:00
♥ 주차비 : 소형 2000원, 중형 3000원, 대형 4000원
♥ 입장료 무료

● **북촌돌하르방공원 : 무뚝뚝한 하르방, 상상의 나래옷을 입다**

제주 서쪽 금능에 석물원이 있다면 동쪽 북촌리에는 북촌돌하르방공원이 조성되어 있다. 조천, 함덕 곶자왈 지대 4천여 평의 땅에 자리잡은 이곳은 제주의 돌하르방 하나만을 테마로 한 조각공원이다. 제주출신 미술가 김남흥 원장이 15년간 일궜는데, 가족단위로 오붓하게 돌아다니기 좋게 군데군데 포토존도 마련되어 있다. 전통 돌하르방에 온갖 상상력을 보태 현대적인 해석을 가미한 그의 작품은 제주 전역에서 만나볼 수 있다. 제주시 오등동에 있는

다음글로벌미디어 사옥 앞에서 노트북을 무릎에 놓고 골똘히 작업하고 있는 돌하르방과 김영갑갤러리에서 카메라를 맨 김영갑 작가의 페르소나 같은 돌하르방이 그의 작품이다.

제주대학교 사범대학 미술교육학과를 나와 회화를 전공한 작가는 조각과 회화 영역을 넘나든다. 한때 평면회화도 700여 점이나 작업했는데 2013년 갤러리와 수장고에 불이 나는 바람에 모두 불에 타버렸다. 다행히도 돌조각품들은 불에 타지 않아, 당시 60점이었던 돌하르방들은 이제 250여 점으로 늘어나 과거의 쓰린 기억을 위로해주는 든든한 친구로 남았을 것 같다.

김남홍 원장은 현재 북촌돌하르방공원을 일군 창업자라는 직함 외에도 김영갑갤러리두모악 이사, 제주생태관광 협의회 이사 등을 역임하고 있다.

♥ 북촌돌하르방공원 : 제주시 조천읍 북촌서1길 78 (064.782.0570)
♥ 관람시간 : 09:00~17:00 (하절기 4~10월에는 09:00~18:00)
♥ 입장료 : 성인 4000원, 소인 3000원, 36개월 미만 / 80세 이상 / 휠체어 사용자 무료

국립
제주박물관

● 탐라에서 제주까지, 섬의 역사와 문화를 한눈에

여행을 하다 보면 곳곳에서 다양한 박물관을 만날 수 있다. 규모 있는 국립·시립박물관부터 특색 있는 테마박물관 등 요즘은 지역마다 볼거리가 참 많아졌다. 그 중에서 그 지역만의 특성과 유래를 살펴보기에 가장 좋은 곳은 국립박물관이다. 서울 국립중앙박물관을 비롯해 전국 12개 도시에 국립박물관이 있다. 제주에는 국립제주박물관이 공공박물관으로 자리매김하고 있다.

국립제주박물관은 문화관광부 산하 11개 지방박물관 중 10번째로 비교적 늦게 개관했다. 2001년 6월에 개관하여 역사는 짧지만 제주를 대표하는 역사박물관이다. 제주 유일의 고고역사 박물관으로, 선사시대부터 조선시대까지 유물 800여 점을 통해 제주의 역사와 문화를 총망라해서 보여주고 있다. 뿐만 아니라 다양한 교육·체험프로그램 및 문화행사를 진행하고 있다. 제주국제공항에도 '작은박물관'을 개설하여 관광객들에게 제주문화를 홍보하고 있다.

제주시 일주동로 17번지에 위치한 이곳의 외관은 오름 또는 제주식 전통 초가지붕을 닮은 둥근 지붕이 인상적이다. 외벽재료는 화강석과 송이벽돌을 사용해 제주 고유의 질감을 표현했다.

박물관은 6개의 상설전시실과 기획전시실로 나누어져 있다. 상설전시실에는 제주섬의 탄생부터 청동기시대를 보여주는 선사실, 제주만의 독특한 문화가 완성되었던 탐라시대를 보여주는 탐라실, 고려시대 제주의 역사와 문화를 보여주는 고려실, 300년 전 제주의 모습을 기록한 탐라순력도를 전시한 탐라순력도실, 조선시대 제주의 문화와 일반인들의 생활상을 알 수 있는 조선실 그리고 개관 이후 기증된 유물들로 꾸려진 기증실이 있다.

넓은 부지에 공원처럼 잘 조성된 야외전시장에는 제주 현무암으로 만든 민속품과 복신미륵 및 원당사지 5층석탑을 복제하여 전시해놓고 있다. 박물관 내부를 구경한 뒤 한적한 산책코스로 이용하기에 적격이다.

다른 박물관에서 볼 수 없는 국립제주박물관만의 특징은 탐라순력도실의 존재이다. 탐라실, 고려실, 조선실 못지않게 박물관측에서 방까지 따로 만들어 중요하게 여기는 탐라순력도실에는 대체 어떤 보물이 숨겨져 있을까? 이는 추후에 상세히 알아보기로 하고, 본격적인 제주 역사문화 기행을 떠나보기로 하자.

● 동아시아 해양문화의 거점, 제주

박물관 입구에서 표를 끊고 중앙홀에 들어서면 제주 역사의 기원인 탐라개국신화를 천장화로 꾸며놓은 화려한 스테인드글라스 천장이 눈길을 끈다. 그 밑에는 제주읍성 모형이 놓여 있어 탐라시대 마을의 주거형태를 파악할 수 있다. 전시 공간은 연대기순으로 전개되며, 상설전시장과 기획전시실이 따로 나뉘어져 있다.

우선 선사·고고실에 들어가면 화산섬 제주의 탄생부터 첫 제주인의 정착과정, 구석기시대부터 기원전후에 이르는 제주의 자연조건과 선사문화를 소개하고 있다. 제주도는 우리나라에서 가장 이른 시기에 신석기 문화가 발견된 곳이다. 눌러떼기 수법의 구석기 제작 전통이 남아 있는 창과 화살촉, 석기와 흙에 식물줄기를 넣어 만든 토기가 발견되었다. 이를 통해 1만년 전 북방 이주민들이 제주지역으로 들어와 수렵·어로생활을 했음을 알게 된다.

한반도에서 발견된 가장 오래된 토기는 제주의 대표적 신석기 유적인 고산리 토기로 알려져 있다. 덧무늬와 빗살무늬 토기가 유행하기 이전에 등장한 민무늬 토기로, 한반도는 물론 동북아시아 다른 지역보다 제주에서 토기 제작이 앞섰다는 사실을 증명한다. 그 외에 제주시 삼양동 주거유적에서 집중적으로 출토되어 명명된 삼양동식토기와 제주 고산리에서 출토된 신석기시대의 화살촉도 볼 수 있다.

● 탐라에서 제주로, 독립국에서 지방으로 전락한 해상국가

탐라실에서는 기원전후부터 고려시대까지 전개된 제주의 문화를 엿볼 수 있다. 탐라국의 탄생과 주변국가들과의 교류를 통해 발전하는 모습을 발굴유물과 옛 지도 속 탐라의 모습에서 찾아볼 수 있다. 고·양·부 성을 가진 사람들이 세웠다는 삼성신화와 설문대할망 등 별도의 건국신화를 갖고 있는 탐라는 세계와 대외교류를 통해 섬이라는 한계를 개척해나갔던 자주적인 독립국가였다. 하지만 6,7세기에 전성기를 이룬 후 고대왕국으로 발전하지 못하고 1105년(숙종 10) 그만 고려에 복속되어 일개 지방으로 전락하고 만다. 엄연한 독립국가였던 '탐라'가 '제주'라는 명칭으로 바뀐 건 고려 고종때(1214년)의 일이다. '깊고 먼 바다의 섬나라'란 뜻의 탐라가 경주, 전주, 나주 같은 행정구역으로 그 지위가 격하되어 버린 것이다. 제주의 '제(濟)'는 '큰 물을 건너다'는 뜻이고 '주(州)'는 '큰 고을'을 가리킨다. 탐라가 완전히 고려의 지배권에 들어가자 그저 '바다를 건너가야 하는 고을'로 불리기 시작한 것이다. 요즘 육지인들의 가슴을 설레게 하는 '제주'라는 명칭 속에 도민입장에서는 그리 유쾌하지 않은 역사적 사연이 담겨 있다.

천년이란 오랜 역사를 지니고 있음에도 제주에 남은 탐라시대의 유물이나 기록은 거의 없고 외부의 사서에 단편적으로 기록된 게 대부분이라 안타까운 마음이 든다.

오름 또는 제주식 전통 초가지붕을 닮은 둥근 지붕이 인상적인 국립제주박물관

1. 국립제주박물관 탁본체험실
2. 조선 숙종때 제작된
순수 제주도 지도 〈탐라지도병서〉

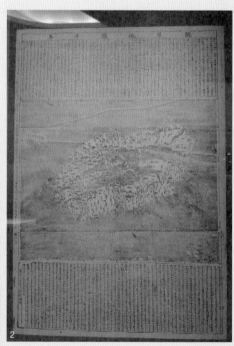

고려실에서는 법화사, 수정사, 원당사, 존자암 등의 사찰 터에서 나온 유물을 통해 당시 탐라에도 절이 존재했었고 불교가 크게 융성했음을 알 수 있다. 또한 1231년 몽고의 침입으로 고려가 몽골의 지배를 받게 되자 제주로 건너와 항파두리에 성을 쌓고 끝까지 대몽항쟁을 벌인 삼별초의 흔적도 찾아볼 수 있다.

하지만 여타 지역박물관에 비해 국립제주박물관에는 불교문화의 영향을 받은 유물들이 거의 없다. 보통 지방마다 하나씩 있는 불교문화의 진수가 담긴 천년고찰도 제주에는 없다. 그 이유는 뭘까? 우선 몽고 지배시기에 크게 융성했던 불교문화가 몽고가 쇠퇴하자 함께 쇠락했기 때문이다. 무엇보다도 조선시대에 접어들면서 시작된 억불숭유 정책이 불교의 급속한 쇠퇴를 야기했다. 특히 제주의 불교는 고유의 무속신앙이 결합된 형태여서 고지식한 유교주의자였던 중앙권력층의 눈에 거슬렸을 것이다. 이들이 제주 목사로 부임하면서 제주에 남아있던 사찰은 물론 신당도 철저히 파괴해 제주불교는 조선시대 들어 거의 맥이 끊길 정도였다.

제주의 불교는 안봉려관 스님이 1908년 관음사를 창건하면서 끊겼던 맥을 되살리려고 했다. 하지만 4.3때 토벌대가 무장대의 은신처로 쓰인다고 하여 관음사를 비롯 중산간 지대에 있던 사찰들을 모두 부수거나 태워버렸다. (현재의 관음사는 1960년대에 복원한 것이다) 불상은 스님들이 옮기기도 했지만 그나마 제주에 남아있던 탱화와 집기 등이 이 시기에 대부분 사라졌다. 제주에 불교 문화재가 거의 남아 있지 않고 국립제주박물관이 그 규모에 비해 비교적 휑한 느낌이 드는 이유다.

하지만 시기별로 수준 높은 기획전시가 열려 허전한 느낌을 채워주기에 충분하다. 그 예로 2015년 특별기획전 〈조선선비 최부, 뜻밖의 중국 견문〉(8.21~10.4)은 색다른 재미를 안겨주었다.

● 《표해록》

동방의 마르코 폴로, 최부가 남긴 세계적인 표류기

2015년 여름, 15세기 조선시대 선비 최부가 남긴 세계적인 여행기 《표해록》을 주제로 조선선비의 우연하고도 특별한 문화체험의 여정이 펼쳐졌다. 중국 저장성박물관이 소장한 명나라 유물과 대운하 관련 자료, 당시 조선시대 문헌 등 관련유물 188건이 선보였다. 1488년 최부 일행 43명은 제주앞바다에서 풍랑을 만나 표류, 구사일생으로 중국땅에 표착했다. 그후, 중국 강남에서 북경을 거쳐 한양으로 무사히 돌아온 최부는 이후 성종의 명을 받아 그간의 모험을 기록한 《표해록》을 남겼다. '표해록(漂海錄)'이란 "바다에서 표류한 일에 관한 기록"이라는 뜻이다. 우리에게 잘 알려진 '15소년 표류기' '하멜 표류기' 말고도 600년 전 조선인이 쓴 표류기가 존재한다니. 그 흥미진진한 모험과 고난의 기록을 따라 최부의 여정에 합류해보자.

유교 경전에 대한 해박한 지식과 실력으로 과거시험에 두 번이나 급제한 최부는 성종이 발탁한 사림파 중 한 명이었다. 제주에서 경차관(군대를 살피고, 관청의 곡식을 조사하고, 관청에서 법 절차를 잘 지키는지 확인하는 업무를 수행하던 관리)으로 일하던 최부는 1488년 정월 3일, 부친상을 당하자 그의 수하 42명과 함께 제주 별도포를 출발해 고향 나주로 향했다. 그런데 풍랑에 배가 부서지면서 망망대해에서 14일간 표류하게 된다. 갖은 고생 끝에 중국 저장성 어느 해안가에 내렸을 때, 그를 비롯해 일행이 모두 무사했다. 하지만 곧장 조선으로 돌아갈 수 없었다. 당시 외국인이 명나라에 들어가면 거기에 걸맞은 출입국 절차를 밟아야 했다. 게다가 최부는 지방관리 신분이었다. 비록 중국 남부 해안에 닿았지만 모든 행정부가 집중되어 있는 명나라 수도 북경으로 가서 중국황제를 알현하고 보고 하는 의식을 치러야만 했다.

일단 항주로 이송된 최부 일행은 대운하를 따라 북경을 향한 긴 여정을 시작한다. 당시 중국은 강남의 풍부한 물품과 문화를 타도시로 옮기기 위해 양자강과 그 지류를 이용해 도시를 잇는 운하를 만들었다. 오늘날 볼 수 있는 항주와 북경을 잇는 '경항대운하'는 이미 명나라때 완성되었고, 최부 일행은 대운하 모든 구간을 지나간 최초의 조선인들이었다. 그들은 두 달여 간 가흥, 소주, 진강, 양주, 서주 등을 거치며 당시 수준 높은 문화와 풍부한 자원을 지닌 중국 강남지방, 즉 양자강 남쪽 지역을 두루 견학하며 15세기 중국의 강남 문화를 실제로 접했다. 최부는 가는 곳마다 중국 관리들의 융숭한 대접을 받았다. 말이 통하지 않아 필담으로 의사소통을 하는 와중에 드러난 최부의 해박한 지식과 학문적 도량, 반듯한 성품이 중국인들을 매료시킨 덕분이었다.

드디어 북경에 도착해 명나라 황제를 만나게 된 최부는 뜻밖의 마찰을 일으킨다. 황제 앞에서 상복을 입겠다고 고집을 부렸기 때문이다. 당시 황제 앞에서는 길복으로 갈아입고 예를 올려야 하는데 최부는 부친 상중이란 이유로 상복을 벗지 않았다. 결국 왕실 관리의 설득 끝에 옷을 갈아입고 황제를 배알하는 의식을 마치기는 했지만, 이로써 당시 조선인들이 상례에 관한 예법을 얼마나 중

1.《표해록》저자 최부의 여정 2. 탐라유물 3.《표해록》

시 여겼는지 알 수 있다. 이렇게 6개월 동안 중국 양자강 이남을 두루 견학하고 북경을 거쳐 산해관, 요동, 의주를 통과한 최부 일행은 마침내 조선으로 무사귀환했다. 최부를 직접 불러 표류한 내용을 듣던 성종은 그를 칭찬하며 그동안 보고 들은 것을 기록으로 남기라는 명을 내린다. 그렇게 나온 책이《표해록》이다. 이후 최부는 여러 벼슬을 하고 정식 사신이 되어 중국에도 다녀오지만 45세때 무오사화에 휩쓸려 함경도로 귀양살이를 떠나야 했다. 귀양살이를 하면서도 변방에 학문을 꽃피우기 위해 힘을 쏟던 중, 연산군 10년(1504년) 갑자사화때 참형에 처해져 51세를 끝으로 세상을 떠났다. 이후 최부가 남긴《표해록》은 1569년이 되어서야 최부의 외손자 유희춘에 의해 책으로 엮여 세상에 나오게 된다. 조선보다 이 책의 가치를 먼저 알아본 일본은 1769년에는《당토행정기》라는 제목으로 번역출판했다. 훗날 조선사람이 남긴 세계적 여행기인《표해록》은 그 역사적 가치를 인정받아, 일본 스님 엔닌이 쓴《입당구법순례행기》와 마르코 폴로의《동방견문록》과 함께 세계 3대 중국여행기로 꼽히고 있다.

● 조선왕조가 남긴 변방 제주의 기록들

조선실에 들어서면 유물과 관련문헌들이 상대적으로 풍부하다. 조선시대 제주도 통치자료와 유배자료, 제주인들의 생활자료, 표

류와 표착에 대한 자료를 전시하고 있다. 그중 〈탐라지도병서〉는
조선 숙종 35년(1709년)에 제작된 순수 제주도만 나타난 지도다.
이 지도는 우리가 통상 접하는 지도의 방위와 달리 남쪽이 윗부분
에 표기되어 있다. 이는 당시 서울인 한양에서 바라보는 시각으로
그렸기 때문이다. 주변 바다는 파도 무늬로 표현했고 한라산과 오
름도 자세히 묘사되어 있다. 특히 목장은 목장의 경계를 가르는
돌담과 목장의 문까지 자세하게 표시되어 있다. 300년 전에 제주
의 지리를 이렇게 자세하게 표현한 지도가 있었다니 놀랍기만 하
다. 그외 제주목사 이익태(1633~1704)의 탐라에 대한 기록 〈지영
록〉과 조선시대 제주의 명승고적을 그린 〈영주십경도〉를 만날 수
있다. 영주는 제주의 옛 이름이며, 십경은 성산일출, 사봉낙조, 녹
담만설, 산포조어, 영실기암, 정방하폭, 산방굴사, 고수목마, 귤림
추색, 영구춘화, 이렇게 제주의 빼어난 10곳의 경치를 말한다.

조선시대 제주 하면 자연히 떠오르는 이미지는 유배지일 것이다.
박물관에는 우암 송시열, 추사 김정희, 광해군 등 수많은 학자와
선비들의 명단과 함께 이들이 유배생활 중 제주지역의 학문과 문
화 발전에 끼친 영향력을 볼 수 있다. 그외에 풍랑과 표류에 관한
기록들이 있는데, 이 역시 제주의 특성을 잘 보여주는 독특한 문
화의 소산이다. 과거를 보러 갔다가 풍랑을 만나 일본 오키나와
전남 청산도 일대를 표류한 기록을 남긴 장한철의《표해록》(1771)
과《하멜 표류기》로 유명한 하멜과 관련된 문서도 볼 수 있다.

● 〈탐라순력도〉

국립제주박물관의 자부심

국립제주박물관 전시물 중 으뜸으로 꼽히는 곳은 아마 〈탐라순력
도실〉일 것이다. 탐라순력도는 조선 숙종 28년(1720년) 제주에 부
임한 제주목사 이형상이 10월 28일부터 11월 19일까지 제주 곳곳
을 돌면서 본 풍광과 행사들을 그린 41폭의 채색화첩이다. 가로
35cm, 세로 55cm의 장지에 그려진 순력도는 지도인 동시에 그림
이다. 당시 이형상은 화공 김남길에게 자신이 본 모든 풍경을 낱
낱이 묘사하게 하고, 오씨 성을 지닌 노인으로 하여금 간략한 설명
을 곁들여 꾸미게 했다. 요즘 식으로 보자면, 지방자치단체장들이
행사에 참여할 때 자신의 행적을 기록하고 홍보하기 위해 사진사
를 대동하는 격이다.

조선시대에 행사 등을 담은 기록화는 궁중을 중심으로 그려졌다.
탐라순력도는 전국에서 유일하게 '순력도' 란 명칭이 붙은, 목적
이 확실한 기록화이자 한양에서 가장 먼 변방 제주에서 그려졌다
는 점에서 주목받았다. 또한 화가가 실제 모습을 관찰한 후 그려
서 우리나라에서 진경산수가 형성되는 과정을 알 수 있다는 점에
서 후대에 가치를 인정받았다.

회화의 양식이나 필치는 아무래도 지방 관하 소속 화공이 그린 것
이라 그런지 중앙정부에서 최고의 화공을 뽑아 그리게 한 〈조선

탐라순력도 : 조천성에서 군사훈련과 말을 점검하고(조천조점), 김녕 용암굴을 둘러본 뒤(김녕관굴), 정방폭포를 구경하고(정방탐??), 서귀진의 군사를 살폈다(서귀조점)…. 천제연폭포에서는 활을 쏘고(현폭사후), 귤나무 숲에 들어가 풍악을 곁들인 잔치(고원??고)를 펼쳤으며, 산방굴 앞에서는 잔을 기울였다(산방배작).

탐라순력도 〈건포배은〉 : 1702년, 향품문무 300여 명이 관덕정 앞과 건입포에서 임금이 있는 북쪽을 향해 은혜에 감사하는 ??을 하고 있으며, 성 밖 마을의 신당들이 불타고 있다. '건포배은'과 '신당파괴' 두 사건을 한 도면에 표현했다.

탐라순력도 〈공마봉진〉 : 1702년, 왕에게 진상할 말을 선발해 제주목사가 최종 확인하는 내용. 관덕정 앞에 늘어선 말들의 ??습이 다채롭다.

왕조의궤〉나 〈한양도성도〉처럼 세련되지는 않다. 하지만 주렁주렁 열린 주황색 감귤을 붓끝으로 하나하나 묘사해 놓은 섬세함과 더불어 푸른 바다에서 돋아나는 붉은 태양을 대비시켜 놓은 색채 감각과 구도는 지금 봐도 참 아름답다. 또한 300년 전의 제주의 지도, 관아, 읍성, 군사시설, 잔치 등 풍물이 담겨 있어 조선시대 제주의 이모저모를 엿볼 수 있다. 탐라순력도 진본은 오랫동안 이형상의 후손들이 보관하고 있던 것을 1998년 제주시가 3억원에 구입, 소장하게 되었다. 그러다 국립제주박물관이 시로부터 위탁받아 따로 탐라순력도실을 만들어 전시하게 되었고, 보물 제652-6호로 지정되었다.

현재 탐라순력도의 진본은 국립제주박물관 수장고에 보관돼 있다. 책장마다 변색을 막기 위한 중성지가 끼워져 온도, 습도 유지에 뛰어난 오동나무 상자에 담겨 있어 귀한 대접을 받고 있다. 대신 국립제주박물관은 2008년 탐라순력도 복제본을 제작하고 탐라순력도실을 별도로 마련해 상설전시하고 있다. 주요 순력 장면들을 담은 복제본이 벽면에 걸려 있고, 중요한 부분은 확대하여 세부사항까지 자세히 살펴볼 수 있다. 또한 박물관측에서 그림과 글을 동영상으로 편집하여 알기 쉽게 이해를 돕고 있는데, 아이들은 '탐라순력도 자세히 보기'라는 터치스크린 방식의 모니터를 통해 다채로운 방식으로 배울 수 있다.

당시에도 성산일출봉, 정방폭포, 김녕굴, 산방산 등은 제주의 명소였나 보다. 조선 중기부터 제주에 부임했던 목사들은 나름대로 제주의 아름다운 명승지를 선정하곤 했는데, 이형상도 한라채운, 화북제경, 김녕촌수, 우도서애 등 제주 8경을 꼽았다. 탐라순력도에는 망경루 후원 감귤숲에서의 풍악도를 그린 '귤림풍악'과 성산일출봉에 해 뜨는 모습을 다룬 '성산관일', 횃불 들고 굴 속으로 들어가는 '김녕관굴' 등 명승지 탐방과 관련된 그림 7점이 기록되어 있다. 현재 제주의 관광지가 된 제주 8경을 담은 기록화와 사진이 나란히 전시되어 있어 비교하면서 보는 재미도 쏠쏠하다.

탐라순력도에는 〈한라장촉〉이라는 제주 지도 한 점이 포함되어 있는데, 이는 앞서 소개한 〈탐라지도병서〉보다 한 발 앞선 제주지도로, 숙종 28년(1702년)에 제작되었다. 현존하는 '단독' 제주 지도로는 가장 오래된 것이다. 제주목, 정의현, 대정현으로 이루어진 삼읍(三邑)과 해안을 돌아가며 설치한 9개 진(鎭)의 위치를 붉은 색으로 표시한 게 눈에 띈다. 그 외에 목사가 부임하게 되면 마을 노인들을 모셔 관례적으로 치루는 노인잔치의 모습을 도면화한 '제주양노'의 모습에서는 그 시절 노인공경사상도 엿볼 수 있다.

만약 〈탐라순력도〉가 없었다면 현재를 사는 우리가 옛 제주의 모습을 어떻게 추측할 수 있었을까? 아마도 20세기 초반 외국인들이 찍은 몇 장의 사진에 의존했을 뿐 당시를 재현할 방도가 없었을 것이다. 조선시대 제주 3읍성과 9진, 25봉수 38연대에 대한 규모며 위치, 중앙정부에 보내기 위해 제주 특산품 진상준비를 하던 모습을 어떻게 짐작할 수 있었을까? 〈탐라순력도〉가 아니었다면 일제 강점기를 거치며 관덕정 한 채만 덩그라니 남아 있던 목관아터 복원작업도 어려웠을 것이다. 가뜩이나 유물이나 관련 사료가 빈약한 제주에서 옛 모습을 생생하게 확인해볼 수 있다는 사실 하나만으로도 귀중한 문화유산임에 틀림없다.

국립제주박물관에서 하이라이트 전시로 자랑스럽게 내놓는 〈탐라순력도〉를 보고 있노라면, 당시 제주의 모습과 현재를 비교해보는 재미를 선사한 이형상 목사에게 큰절을 올리고픈 마음이 든다. 하지만 빛이 있으면 그림자가 있는 법. 이형상 목사는 당시 제주 민중들 사이에서 제주 공동체 문화를 파괴한 원흉으로 원성이 자자했다. "당 5백 절 5백"이라 할 만큼 신당과 절이 많았던 제주가 이형상 목사 때문에 큰 타격을 입었기 때문이다. 성리학으로 무장한 이 꼬장꼬장한 조선관리의 눈에 무속신앙은 유교와 공존할 수 없던 사악한 이념이었다. 따라서 그가 제주목사로 부임한 1년 3개월간 당 129개소와 사찰 2~5개소가 철저히 파괴되었다. 탐라순력도 〈건포배은(巾浦拜恩)〉편에는 이형상에 의해 신당이 불타는 장면이 기록되어 있다. 이형상 목사가 아니었으면 국립제주박물관의 소장품이 좀 더 풍부해졌을까? 그래도 〈탐라순력도〉 같은 귀한 보물을 선사했으니 그걸로 위안을 삼아야 할지도 모르겠다.

국립제주박물관 야외전시장 근처에는 어린이박물관인 '어린이 올레' 가 있다. 독채건물 안으로 들어가면 형형색색 화려한 집기들과 함께 어린이 교육, 체험프로그램이 진행된다. 체험프로그램은 문화재 속 명장면, 제주의 보물 원당사지 5층석탑 모형 맞추기, 그림자 극장, 알록달록 우리 옛옷 입어보기 등 7가지 테마로 운영되는데, 아이들이 서너 시간을 훌쩍 보낼 수 있을 만큼 다채롭다. 특히 뚝딱뚝딱 올레공방에서는 박물관 내 기념품샵에서 지점토와 열쇠고리를 사오면 하르방, 동자석 등 여러 가지 문화재 모형을 만들어 기념품으로 가져갈 수 있어 아이들에게 인기가 좋다.

박물관 본관 입구 오른편 작은 방에서는 전시유물인 무신도, 세한도, 탐라순력도가 새겨진 목판화를 탁본한 후 기념품으로 가져갈 수 있다. 맞은편 기념품 가게에서 한지 3장 세트를 천원에 사면 누구나 참여할 수 있다. 두 곳 모두 아이들에게 제주 역사와 문화도 이해시키고 여행 추억을 더욱 풍성하게 만들 수 있는 체험실이다. 또한 일반인들에게는 생소하고 낯설게 다가올 수 있는 탐라순력도실을 방문하기 전에 제주시에서 제작한 탐라순력도 컨텐츠 사이트(http://tamnamap.jejusi.go.kr)를 통해 미리 예습하고 오면 더 깊이 있게 감상할 수 있다.

♥ 국립제주박물관 : 제주시 일주동로 17 (064.720.8000)
♥ 관람시간 : 화~금요일 09:00~18:00 / 토,일,공휴일 09:00~19:00
♥ 관람료 무료

국립제주박물관에서 선사시대부터 조선시대까지의 제주의 역사와 문화에 대한 밑그림을 그렸다면 제주민속자연사박물관을 연계해 관람할 것을 추천한다. 국립제주박물관에선 볼 수 없는 제주인의 생생한 삶과 향토문화를 엿볼 수 있기 때문이다.

1984년 5월 24일, 제주시 일도2동에 개관한 이곳은 국내에서 유일하게 민속자연사를 다루는 박물관이었다. 제주시가 본격적인 관광도시로 자리잡을 무렵 삼성혈 동쪽 신산공원 일대가 역사문화관광지구로 개발되면서 지어졌다. 개관식때 전두환 전 대통령 내외가 준공 테이프를 끊었을 정도로 국가적인 관심사였고 한동안 제주의 대표적인 관광명소였다.

지상 2층 지하 1층 1,545평 건물에는 세계자연유산홍보전시관, 자연사전시실, 제1,2민속전시실 등 총 8개의 전시장이 있다. 높은 기단과 계단 위에 지어진 건축물은 수평으로 이어져 있어 관람하기에 편한 구조다. 제주현무암을 잘라 쌓아놓은 건물이 백색 처마와 어우러져 묵직하고 토속적인 제주 전통가옥의 느낌을 전해준다.

입구에 들어서면 4~4.5m에 달하는 산갈치 두 마리가 전시되어 있다. 두 마리 다 제주에서 잡혔다고 하는데 갈치구이나 조림을 하면 수십 명이 먹을 정도의 초대형어다. 산처럼 크다고 해서 산갈치라는 이름이 붙었다. 제주 용천동굴을 모형으로 재현한 입구로 들어가면 세계자연유산홍보전시관이 있다. 이어진 지질 코너에서는 제주섬의 형성과정을 한눈에 볼 수 있다. 한때 제주 탑동 해안가에 널려 있었지만 개발과 매립과정 속에서 사라진 탑동 먹돌이 이제 박물관에서 볼 수 있는 유물이 되어버린 사실이 씁쓸하다.

자연사·민속전시실에서는 갈옷만들기, 애기구덕 등 생활사와 제주 무속에 관한 전시물이 인상적이다. 제주의 육상·해양 생태계와 곤충, 동물에서 어패류 등이 박제나 모형으로 재현되어 있어 생동감은 떨어지지만 제주의 모든 것을 한자리에서 만날 수 있다.

언제부터인가 제주민속자연사박물관의 입지는 예전보다 많이 움츠러든 형국이다. 2000년대 들어서면서 제주를 대표하는 공영박물관이라는 타이틀을 국립제주박물관에 뺏겼고, 제주에 세부적이고 특정한 주제로 테마박물관들이 많이 생기는 바람에 전시물이 많이 겹친 까닭이다. 지어진 지 30년이 넘어 요즘 세련된 외관과 현란한 볼거리로 관객을 끄는 박물관들과 경쟁하기 버거워 보이지만 이 박물관이 지어진 1980년대만 하더라도 제주에는 자연과 인문환경을 한눈에 볼 수 있는 종합박물관이 없었다. 또한 도심 한복판에 위치해 제주시민들이 집에서 슬슬 걸어서 다녀올 수 있어 청소년들의 학습교육장이자 주민들의 쉼터 역할도 담당했다.

내가 민속자연사박물관에 처음 간 것은 1985년도였다. 당시 외삼촌과 숙모께서 제주에서 제일 큰 박물관이자 도민들의 자랑거리였던 이곳을 서울에서 온 조카에게 안내하며 뿌듯해하셨다. 무척

제주특별자치도 민속자연사박물관 입구 (오른쪽)
전시장 내부 (아래)

크고 넓었던 박물관은 땡볕과 습도의 위력이 대단한 제주의 여름날, 에어컨까지 가동되어 오아시스 같았다. 지금은 도심개발로 인해 주변 풍경이 박물관 건물을 압박하는 형국이지만, 제주시에서 그나마 30년 전 옛 모습을 간직한 이곳은 내게 여전히 특별하다.

짧은 일정이라 제주의 박물관을 다 다녀볼 시간은 없고, 제주의 모든 것을 한자리에서 보고 싶은 사람들에게 이곳을 추천한다. 제주국제공항에서도 가까워서 여행을 마치고 시간여유가 있다면 한 번쯤 들러보는 것도 좋다. 게다가 박물관 바로 옆에 탐라개국신화의 발상지인 삼성혈이 이웃해 있다. 삼성혈(三姓穴)은 고·양·부세 성을 가진 신인(神人)이 솟아났다는 세 개의 구멍을 일컫는데, 수백 년 수령의 울창한 나무들이 숲을 이루고 있어 도심 속에서 조용하게 사색하기에 좋다. 삼성혈을 나와 조금만 더 가면 제주목관아, 관덕정(보물 제322호) 그리고 제주성지와 오현단 등을 만날 수 있다. 모두 조선시대 제주의 모습을 알 수 있는 지상의 박물관들이니 함께 둘러보면 더할 나위 없을 것이다.

제주민속자연사박물관과 삼성혈 바로 맞은편에는 국수거리가 조성되어 있다. 가격도 저렴하고 양도 푸짐해 박물관을 돌고 난 다음 허전해진 배를 채우기에 안성맞춤이다.

♥제주특별자치도 민속자연사박물관 : 제주시 삼성로 40 (일도2동) 064.710.7708
♥입장료 : 성인 1100원, 청소년 500원
♥관람시간 : 연중 08:30~18:30 (6~8월에는 08:30~19:00)
♥주차비 : 600원(1시간)

제주대학교
박물관

● 제주인의 삶과 혼이 담긴 숨은 명소

제주시에서 중산간쪽으로 조금 들어가면 우리나라 최남단에 위치한 국립대학교 제주대학교가 있다. 1952년 도립 제주초급대학으로 인가를 받아 설립된 제주대학교는 도립 4년제, 국립으로 전환된 후 1982년 종합대학교로 승격되었다. 60년 넘는 전통을 자랑하는 곳인 만큼 제주인들의 역사와 맥락을 같이 했다. 특히 4.3사건을 입에 담는 것도 금기시되었던 1990년대, 제주대 학생들이 주축이 되어 국회 내 4.3특위 구성과 4.3특별법 제정을 촉구하는 청원서를 제출했다. 또한 4.3사건 50주년이었던 1998년 4.3관련 학술기념사업회를 조성하고 4.3사건을 전국적으로 이슈화하여 1999년 12월 16일 4.3특별법이 국회를 통과하는데 힘을 모았다.

제주대 아라캠퍼스에는 반세기 가까이 된 역사와 전통을 가진 제주대학교박물관이 들어서 있다. 지하 1층 지상 3층 규모의 상설전시실, 기획전시실, 수장고, 시청각실을 지닌 이곳은 생활사 유물과 발굴조사를 통해 출토된 매장문화재 유물 등 국내외 고고·미술·역사·민속·인류학 분야의 자료 4만 5천여 점을 전시하고 있다. 유물들이 처음부터 박물관에 있었던 것은 아니다. 1970년대 용당캠퍼스 시절에는 학교 건물 옥상에 전시실을 만들어 유물을 선보이다가 1980년 아라캠퍼스로 옮긴 후에는 학생회관 3층, 구도서관 건물 등을 전전했다. 그러다 2012년 5월 현재의 독립된 박물관 건물이 완공되자 옮겨왔다.

1960년대 초, 제주에 박물관은 진성기 씨가 설립한(1963) 사립박물관인 '제주민속박물관'이 유일했다. 이어 1967년 제주대 부속 '민속박물관'이 설립되면서 제주 최초의 공공박물관이 탄생했는데, 1986년 제주대학교박물관으로 명칭을 바꿔 연구대상을 제주도 전반으로 확대했다. 이곳은 사실 제주도에 관한 연구를 중점으로 하고 있어서 홍보도 거의 안 되어 일반인의 발길이 뜸하다. 최근에는 관람객 유치를 위해 다양한 특별전을 개최하고 지역사회 연계활동으로 '역사문화박물관대학 시민강좌'를 진행하고 있다.

1년 중 이곳에 인파가 몰리는 때는 벚꽃 필 무렵이다. 왕벚나무 자생지(천연기념물 159호)인 제주에는 곳곳에 벚꽃 명소가 있는데, 그중 제주대학교 진입로에서 정문까지 1km에 이르는 길은 황홀한 벚꽃터널로 유명하다. 1983년 제주대학교가 종합대학교로 승격된 것을 기념해 8년생 왕벚나무 250그루를 식수한 것이 지금에 이르렸다. 이맘때면 캠퍼스 안 잔디밭 주변에는 나들이 가족들과 유치원생들로 붐빈다. 만일 벚꽃 피는 계절에 제주여행을 계획한다면 꼭 제주대학교 아라캠퍼스에 들를 것을 추천한다. 박물관 관람에 벚꽃구경도 덤으로 즐길 수 있다. 학교 정문 진입하자마자 왼편에 위치한 박물관은 찾기도 쉽고 입장료는 물론 주차비도 무료다. 특히 3층에 걸친 전시실을 구경하고 옥상전망대로 올라가면 석제전시물과 함께 앞뒤로 한라산과 제주앞바다를 감상하며 간단한 피크닉을 즐길 수 있다. 이제 제주 유일의 대학박물관으로서 '숨겨진 보물' 같은 제주대학교박물관을 돌아보자.

박물관 1층에는 제주대학교 역사관과 재일제주인센터가 자리잡고 있다. 제주대학교 역사관에서는 제주대학교의 발전사와 옛 제주대학교 본관을 모형으로 볼 수 있다. 본관은 건축가 김중업이 설계했는데(1964) 마치 호화유람선을 연상케 하는 곡선이 어우러진 걸작이었다. 당시 시대를 뛰어넘는 건축언어로 "한국 건축사, 아니 세계 건축사에 빛나는 족적을 남긴 작품"[11]으로 해외에서 더 인정받았다. 하지만 바닷가에 위치한 탓에 건물의 철골 부식이 일어났고 수리를 거듭하기에 이르렀다. 그러다 1996년 대학건물 증축 및 안전상의 문제로 인해 철거되었다. 관리만 잘 되었으면 근

---

11 이타미 준, 《돌과 바람의 소리》 2004, 학고재

대 문화유산으로 가치가 있는 건물인데 이제는 박물관에 남은 모형을 통해 옛 모습을 짐작할 따름이다.

본격적인 유물은 2층에서 볼 수 있는데 〈제주의 땅〉〈제주의 바다〉 그리고 〈제주의 사람〉이라는 테마전시실이 있다.

● 상설전시실

제주의 바다, 땅, 사람을 한눈에 담은 저장소

제1전시실인 〈제주의 바다〉는 삶과 밀착된 바다를 슬기롭게 이용해온 제주인들의 삶을 보여주는 유물들이 전시되어 있다.

발굴조사를 통해 본 선사시대 제주인의 어로생활에서부터 적삼, 소중이, 비창 등 해녀들의 작업복과 도구, 제주 전통배인 테우도 볼 수 있다. 〈제주의 바다〉 입구에는 한 무리의 동자석들이 관람객들을 맞고 있다. 무덤가에 세운 사람 모양의 조형물인 동자석은 죽은 자의 영혼을 달래고 시중을 드는 역할을 한다고 알려져 있다. 제주인들에게 거친 바다는 삶의 터전이자 죽음 그 자체였기 때문에 무덤을 장식하는 동자석은 제주의 바다와 밀접한 연관이 있는 듯하다. 동자석의 또 다른 매력은 두 손에 받쳐든 지물이 제각각 다르다는 점이다. 시중을 들기 위해 대기중인 듯 가지런히 두 손을 모은 형태도 있고, 꽃과 새 같은 동식물에서부터 붓과 벼루, 술병, 부채 등 다양한 지물을 살펴보는 재미가 있다. 작은 크기에 단순하고 소박한 형태가 지닌 매력에다 현무암 재질로 만든 희소성 때문인지 제주 동자석은 상당수 타 지역과 외국으로 밀반출되었다. 지금도 끊임없이 분실되고 있고 후손들이 수소문 끝에 찾아서 제자리에 돌려놔도 또다시 도둑맞기도 한다. 죽은 자의 영혼을 지키기 위한 제주 동자석이 제자리를 못 지키고 인간의 탐욕 때문에 도난과 밀거래의 대상이 되고 있다는 사실이 씁쓸하다.

제2전시실 〈제주의 땅〉은 제주의 농경, 목축과 관련된 농기구와 복식 그리고 생활용품들을 전시하고 있다. 그중 눈에 띠는 것은 제주도 민속자료 제5호로 지정된 남방애다. 방애는 제주말로 '방아'라는 뜻인데 곡물을 찧기 위한 도구로, 절구의 일종이다. 제주도 방아는 재질에 따라 두 종류가 있는데, 현무암 석재로 만든 방아를 돌방애라 하고, 나무로 만든 방아를 남방애라 한다.

지리적 특성상 논농사보다는 밭농사가 주류를 이루는 제주에서 방애는 육지의 것보다 크다. 제주섬의 주된 곡물인 잡곡이 벼 탈곡보다 어렵고 복잡하여 큰 방아가 필요했기 때문이다. 육지에서는 기껏해야 2명이 함께 절구질을 할 수 있는 크기인 반면, 남방애는 기본 3명, 많게는 6명까지 방아를 찧을 수 있는 크기로 제작되었다. 현대에 와서 전통 제주 목공예가 사라지면서 제주 시골에서도 남방애를 찾아보기 힘들게 되었고 이제 박물관에서나 남방애를 찾아볼 수 있다. 그외에 단아한 제주 목가구와 칠성신(인간의 장수와 재물을 관장하는 신)을 모시기 위해 만든 칠성돌을 만날 수 있다. 제주의 뱀 신화와 관련된 칠성돌은 정사각형 밑돌에 구멍을 내고 그 위에 지붕 모양의 돌을 얹어 만든 작은집 모형이다. 집안 구석구석 신이 존재한다는 제주인들의 신앙심을 엿볼 수 있다.

제3전시실 〈제주의 사람〉은 험난한 자연환경 속에서 삶의 위안을 얻고자 했던 제주인의 무속과 문예활동을 보여주는 유물을 만날 수 있다. 그중 제주 효제문자도 8폭병풍은 무속신앙이 강한 제주에 유교문화가 뿌리내리는 상황을 보여준다.

문자도는 일반인들의 상상력과 장식성을 가미한 글자그림이다. 문자도에는 일반적으로 부모에 대한 효와 형제지간의 우애 등 유교문화의 덕목을 상징하는 글이 새겨져 있다. 무속신앙이 굳게 자리 잡았던 제주에도 조선후기 유교문화의 영향으로 문자도 병풍이 유행했다. 양반문화가 생활 속에 정착되었음을 알 수 있는 대목이다.

제주의 문자도는 그 양식이 타지방과 다르다. 위쪽과 아래쪽에 꽃문양대를 두고 가운데에 윤리문자를 그린 3단 구성이다. 폭마다 '효제충신예의염치(孝悌忠信禮義廉恥)'가 써있는데, 각 글자 획 내부에는 파도와 물결문을 바탕으로 꽃문양과 구름문양을 군데군데 넣었으며, 자획의 끝부분을 새와 물고기의 형상으로 표현했다. 위아래의 문양대에는 꽃, 줄기, 잎을 단순하게 문양화로 처리했다.

제주도 병풍에서는 육지에서는 볼 수 없는, 제주에서만 서식하는 동식물 유형의 도상들이 포함되어 있다. 이는 제주민들의 의식에 뿌리 내린 민간신앙과 유교문화가 공존했음을 보여준다.

제주대학교박물관

〈제주의 바다〉 전시실

동자석 : 무덤가에 세운 사람 모양의 조형물이다. 죽은 자의 영혼을 달래고 시중을 드는 역할을 한다고 알려져 있다.

테우 : 육지와 가까운 바다에서 낚시 또는 해초를 채취할 때 사용했던 통나무배. 여러 개의 통나무를 엮어서 만든 뗏목배라는 뜻이다.

〈제주의 땅〉 전시실

남방애 : 나무로 만든 제주의 방아로 곡식의 껍질을 벗기거나 가루로 으깰 때 쓴다. 이웃주민들까지 동원해 힘을 모아 식생활을 해결하려 했던 제주인들의 수눌음(품앗이) 정신과 곡식 하나라도 밖으로 튕겨져 나가는 것을 막으려는 제주인들의 조낭(절약)정신을 보여준다.

우장(도롱이) : 제주 특유의 비옷으로 길이가 무릎 아래까지 내려오며 폭이 넓은 것이 특징이다. 비옷의 기능뿐 아니라 보온, 돗자리, 이불의 기능도 겸했다.

칠성돌 : 인간의 장수 혹은 재물을 관장하는 칠성신을 모시는 곳으로, 돌로 만든 집의 모형이다. 제주에서는 뱀신앙의 형태로 나타난다.

제주에는 다른 지역에 비해 제례용 병풍이 많이 남아 있는데, 그 이유 중 하나는 4.3 때문이다. 보통 마을에서는 병풍을 한두 개 가지고 집집마다 제사때가 돌아오면 돌려가며 썼지만 제주에서는 4.3 이후 가족과 이웃이 한날 한시에 몰살당하다 보니, 동네마다 동시다발적으로 제사가 이루어졌다. 그런 연유로 인해 병풍의 수요가 많아졌다는 얘기는 들으면 들을수록 슬퍼진다.

〈제주의 사람〉 전시장에는 제주대박물관 소장품 중 가장 큰 자랑거리인 '내왓당 무신도' 가 있다. 국립제주박물관에는 복사본이 있고, 진품은 이곳에서 소장하고 있다. 물론 보관상의 이유로 제주대박물관에서도 원본이 아닌 복제본을 전시하고 있다.

내왓당은 '바깥의 당' 이란 뜻으로 제주시 용담동에 위치하고 있었다. 무속인들 사이에서는 제주시의 광양당, 대정의 광정당, 정의의 성황당과 함께 나라에서 인정하여 굿이 허용된 '국당' 의 하나였다. 하지만 무슨 연유인지 고종 19년(1882)에 헐리고 말았다. 당이 헐릴 때 이 당의 심방이던 고임생이 무신도를 간직하고 있다가 사망하자 한동안 그의 처가 보관했다. 그러다 1963년에 제주대학교로 이관되어 제주대박물관에서 일반인들에게 개방된 것이다. 제단에는 원래 12폭의 무신도가 있었는데 지금은 10폭이 남아 있다. 다행히 보존이 잘 되어 그 현란한 색감이 그대로 살아있다.

현재 제주도에 남은 유일한 무신도인 내왓당 무신도는 보는 사람들로 하여금 그 자리에서 집중하게 하는 종교화의 걸작이다.

가로 32cm, 세로 62cm이며 한지에 우리 전통 안료인 진채로 그렸고 특정한 부분에 금박을 입혔다.

제주의 자연은 색채가 강하고 짙다. 바다 산 나무 돌 등을 보면 중간톤이 드물고 아열대기후의 영향을 받아서인지 서로 강렬한 보색대비를 연출한다. 이런 자연색의 특성 때문에 내왓당 무신도에는 제주만의 특유한 색감을 찾아볼 수 있다. 바탕, 채색, 문양, 장식 등으로 볼 때 19세기에 제작된 것으로 추정된다. 우리나라에서 가장 오래된 무신도로, 2001년 중요민속자료 240호로 지정되었다. 제석위, 원망위, 수령위, 천자위, 감찰위 등 6위의 남신과 중전위, 상군위, 홍아위, 본궁위 4위의 여신으로 구성된 신들은 빨강, 노랑, 초록 등 오방색의 화려한 옷을 입었다. 내왓당 무신도의 가장 특징은 바로 뱀의 이미지가 담겨 있다는 점이다. 이는 육지의 무신도와 차별되는 점이며, 불교와 도교의 영향권에서도 벗어난다. 제주 무속신앙에서 뱀은 영물이자 숭배하는 대상이었기 때문에 무신도에도 반영된 것으로 보인다.

얼굴표정도 각양각색이다. 하나같이 날카로운 눈매를 하고 있는데 보는 사람들로 하여금 주눅들게 할 정도로 영력이 풍부해 보인다. 또한 신들은 손에 부채, 지팡이, 리본 등 여러 영물을 들고 있어 그 권능과 역할이 세분되어 있음을 알 수 있다. 전통 채색화를 현대적으로 재해석하여 거장의 반열에 든 박생광 화백도 말년에 제주 내왓당 무신도의 형태와 색감에 영향을 받았다고 한다.

〈제주의 사람〉 전시실

효제문자도 병풍

내왓당 무신도 중 〈천자위〉 : 지상천하에
서 최고의 절대자를 천자위라 한다. 붉은색
도포를 입고 천자가 드는 검을 들고 있으며
흑립을 쓴 머리 뒤로는 뱀을 상징하는 나선
의 띠가 흐른다.

내왓당 무신도 중 〈중전위〉 : 왕의 본부인
을 칭하는 중전위는 상사대왕의 큰 부인으
로 족두리 구슬장식이 화려하다. 손에는 부
채를 들고 머리장식에는 술병이 매달려 있
는 게 재미있다. 술병에는 무당이 악귀를
물리치기 위한 물이나 약물이 담겨 있다.

제주인의 종교적 심성이 빚어낸 이러한 제단화가 조선시대 유교주의자들의 종교탄압으로 인해 대다수 파괴되었다는 점이 참 안타깝다. 현존하는 유일한 제단화인 내왓당 무신도의 아우라가 더욱 휘황찬란한 이유다.

그외에 임명장인 교지, 신분증명서인 호구단자, 민원문서, 상속문서는 물론 소와 말 관련 목장문서 등 제주의 옛 문서를 볼 수 있다.

♥제주대학교박물관 : 제주시 제주대학로 102 (064.754.2242)
♥ 관람시간 : 평일 10:00~17:00
♥ 관람료 무료

● **재일제주인센터 : 제주출신 재일조선인들의 고단한 삶과 역사**

뉴에이지 음악 작곡가 양방언, 〈디어 평양〉〈가족의 나라〉 등을 연출한 영화감독 양영희, 이종격투기 선수 추성훈. 이들의 공통점은 무엇일까? 모두 제주출신의 부친 혹은 조부를 둔 재일교포라는 점이다. 재일교포들 중에는 유달리 제주출신이 많다. 지금도 일본에 친척을 둔 제주도민들이 많다. 그러고 보니 나의 외조부모도 해방 전에는 일본에 건너가 일을 하셨다 하고 어머니도 일본에서 태어나셨다고 한다. 현재 아흔이 넘어 치매를 앓아 제주도립요양원에 계시는 외할머니는 가족들이 찾아와도 유창한 일본어로 말을 거시고, 일본 노래도 두어 곡 읊조리신다. 과거 일본에 체류했던 시절을 그리워하시는 걸까? 지리적으로 가까워서도 그렇겠지만, 언제부터 그리고 왜 그렇게 많은 제주민들이 일본으로 건너간 것일까? 재일제주민들의 삶을 보면 일제의 식민주의, 4.3사건, 한국전쟁 그리고 분단과 냉전으로 이어진 한반도의 비극적 상황과 갈등이 고스란히 투영되어 있다.

제주대학교박물관 1층에는 '재일제주인센터' 라는 특이한 전시장이 있다. 2012년 5월 25일 개관한 이곳은 재일제주민의 역사와 발자취, 그들의 애향심 및 봉사정신을 재조명하는 마음으로 설립되었다. 재일교포 기업인 김창인 회장의 기부금으로 박물관 1층에 입주한 것이다. 살기 어려웠던 시절 일본으로 건너가 정착했던 제주인들의 100년 역사를 엿볼 수 있는 공간이다. 전시장은 넓진 않지만 공들여 잘 꾸며졌는데, 당시의 문헌과 영상자료는 물론 재일조선인들이 살던 동네도 세트장처럼 재현해놨다. 그야말로 재외한국인 생활사 박물관을 방불케 한다. 지금까지 알지 못했던 제주 현대사의 또 다른 궤적인 재일제주민의 삶 속으로 들어가보자.

조선 후기(17세기~19세기 초) 200년간 지속된 출국금지령으로 제주민들은 폐쇄적인 삶을 강요당했다. 1876년 개항으로 인해 제주는 본격적으로 근대 자본주의체제의 영향권에 접어든다. 제주민들은 새로운 일터를 찾아 내륙지방이나 일본으로 대거 진출하기 시작했다. 제주출신 재일조선인의 첫 발자취는 1903년에 나타난다. 돈을 벌기 위해 제주도 김녕리 사람 김병선이 몇 명의 해녀들을 데리고 일본으로 건너간 것이 기록으로 남아 있다. 이들이 처음 정착한 곳이 미야케지마였는데 1930년대에 이르러 그곳에 사는 제주출신이 240명에 달했다고 한다. 제주도민들이 대규모로 일본으로 건너간 때는 일제강점기였다. 당시 '기미가요마루(君代丸)'라고 하는 제주와 오사카를 운행하던 정기 도항선을 타고 많은 제주 사람들이 오사카로 건너갔다. 강제징용이나 유학, 취업 등의 이유도 있었지만 무엇보다도 일제의 가혹한 착취에 지칠 대로 지친 섬 사람들이 기왕이면 더 넓은 곳에 나가 돈을 벌어보자는 막연한 희망으로 자의반 타의반으로 일본열도로 떠밀려간 것이다.

1908~1916년 일제의 토지조사사업으로 인해 농토를 잃은 조선의 농민들이 대거 일본으로 밀려났고 다른 지역보다도 제주 사람들이 더 많이 일본으로 건너갔다. 1940년대에 이르면 재일조선인이 119만 명으로 증가하는데, 당시 오사카에 거주했던 조선인 60%가 제주출신이었다고 한다. 해방 직후 많은 조선인들이 한반도로 건너갔지만 64만여 명은 일본에 남았다. 당시 해방의 기쁨에 들떠 고향으로 돌아온 제주인들은 4.3사건으로 인해 대거 목숨을 잃었다. 무참한 대학살을 피해, 멸족만은 면하기 위해 도민들은 가진 것을 모두 처분해 일본으로 밀항을 시도했다. 4.3을 전후해 수천 혹은 수만 명의 제주인들이 일본으로 도망쳤는데 일본은 소위 '정치적 난민'에 속하는 이들을 철저히 외면했다. 1950년대 문을 연 오무라(大村) 수용소는 수많은 한국인 밀항자를 수감했는데, 특히

제주인이 많았다. 당시 2만 5천명이 한국으로 강제소환되었다고
한다. 그후 부산의 유치장에 갇혀 있다가 사상이 의심스러우면 형
무소로 가거나 사형을 당했다. 우여곡절 끝에 일본에 정착한 제주
인들은 주로 고무공장이나 신발제조업 등 일본인이 꺼려하는 고
된 업종에 종사했다. 이들은 점차 일본사회에 융화되어 가면서 다
양한 영역에서 기업인, 금융인, 법조인, 예술인, 학자 등 두각을 드
러냈다. 또한 고생 끝에 한푼 두푼 모은 돈을 제주에 송금해 4.3과
한국전쟁으로 피폐해진 제주 경제를 재건하는데 큰 힘이 되었다.
일제강점기때 일본으로 건너가 자수성가한 재일제주인들은 1960
년대에 고향 제주에 전기, 수도, 학교, 마을회관, 미술관 등을 세워
줬다. 뿐만 아니라 350만여 본의 감귤묘목을 제주로 보내고 수산,
원예 등의 고급기술들을 전수해주기도 했다. 무엇보다도 국내에
서 4.3사건을 입에 올리는 것조차 허락되지 않던 엄혹한 시절, 재
일제주인 지식인들은 일본에서 4.3피해자들의 증언을 기록하고
문학작품으로 남겼다. 1925년 일본 오사카에서 태어난 김석범 작
가는 고향 제주에서 밀항해온 친척으로부터 4.3의 참혹한 학살 소
식을 접하고 평생을 제주 4.3사건에 관한 작품 집필에 매달렸다.
그렇게 나온 《화산도》는 1965년부터 장장 30여 년에 걸쳐 일본어
로 쓰인 4.3대하소설이다. 《화산도》는 2015년 10월 16일 국내에서
도 12권으로 완역되었고 일본에서도 각종 예술상을 받았다. 하지
만 김석범 작가는 한국 정부에 의한 '입국거부'로 번역완간을 기

넘한 심포지엄에 참석하지도 못했다. 아흔 넘은 그가 조총련 출신이자 이전에 박근혜 정부를 비판했다는 이유에서였다. 이 사건만 보더라도 재일제주인의 수난은 아직 현재진행형인 듯 보인다.

오늘날 제주가 외지인들이 이민 오고 싶어 할 정도로 번영을 누리는 섬이 될 수 있었던 것은 이들의 헌신 덕분이었다고 해도 과언이 아니다. 그 이면에 재일동포들이 겪어야 했던 고난과 가혹한 운명이 어떤 시대적 맥락, 역사적 배경에서 전개됐는지 살펴보고 그들 각각의 삶을 들여다보면 또 다른 제주가 보일 것이다.

● 재일조선인 디아스포라, 분단의 희생양에서 시대의 증인으로

재일조선인은 단순히 재일교포를 지칭하는 말이 아니다. 조선적, 일본적, 한국적에 상관없이 민족성을 유지하고 살아가려는 재일동포 전체를 통칭하는 말이다.(여기서 '조선적'은 북한국적을 의미하지 않는다. 조선적이 된다는 것은 조국의 분단을 인정할 수 없다는 마음에서 남한도 북한도 선택하지 않는다는 의미이다) 현재 일본에는 약 60만 명의 재일조선인이 사는 것으로 알려져 있다. 이들은 대부분 일제강점기때 일본으로 건너갔다. 해방 직후 많은 조선인들이 고향으로 돌아왔으나 여러 이유로 일본에 머물러야 했던 사람들도 많았다. 북한에는 소련군, 남한에는 미군이 주둔해 있었고, 이후 한국은 극심한 이념대립으로 인해 돌아가기엔 너무 위험한 상황

이었다. 한국전쟁이 발발하기 2년 전인 1948년 제주에서는 4.3사
건이 발생해 3만여 도민들이 희생되었다. 남과 북에 각각 단독정
부가 들어서면서 조국은 두 동강이 났고, 1950년 시작된 한국전쟁
은 1953년 휴전상태로 접어들었지만 분단은 반영구화되었다.

조국의 분단상황은 재일조선인 사회에도 그림자를 드리웠다. 북
조선 노선을 따르는 '재일본조선인총연합회(조총련)'와 반공을 기
치로 내건 '재일본대한민국거류민단(민단)'이 각각 결성되어 분
단의 논리가 재일조선인 사회에도 그대로 적용되고 만 것이다. 특
히 4.3의 참상을 겪고 대한민국 정부를 불신하게 된 재일제주인들
대다수는 조총련에 가입했다. 한반도에는 휴전선이라도 있었지만
민단과 조총련은 같은 동네에서 살 수밖에 없었다. 그러다 보니
싸움이 횡행했고 동포들은 자신의 소속에 따라 조총련계와 민단
계의 상점과 목욕탕 등을 골라서 가야만 했다.

일본은 재일조선인에게 '일본국적'을 허락하지 않았고, 대한민국
은 국외로 이주한 동포를 대상으로 '재외국민등록'을 개시했다.
등록을 하지 않은 사람은 자동으로 북한국적을 선택한 것으로 간
주되었다. 재일조선인들은 무국적으로 남든지, 한국적, 조선적, 일
본으로 귀화 중 하나를 선택하도록 내몰렸다.

전쟁 직후 대한민국은 국내의 빈곤과 실업문제만으로도 버거운
상황이었기 때문에 재일조선인들의 귀국문제는 나 몰라라 했다.
오히려 국내의 실업자들을 해외로 내보낼 생각을 하고 있었다. 설

상가상으로 일본은 재일조선인들을 외국인으로 낙인찍어 의료계를 포함한 모든 전문직은 물론 제대로 된 직업을 선택할 기회도 차단했다. 게다가 아무런 사회복지 혜택도 주지 않아 이들을 벼랑 끝으로 내몰았다. 그 와중에 북한은 재일조선인을 위한 학교 건설을 위해 거액의 자금과 교과서 등을 보내주어 당시 재일조선인의 환심을 사고 있었다. 또한 조총련을 통해 재일조선인에게 '지상낙원 천국' 북한에 귀국하면 주택, 교육, 직장을 무상으로 제공한다는 선전을 하며 귀국사업에 몰두했다. 살길이 막막한 재일조선인들이 선택할 길은 귀국선밖에 없었다.

1959~1984년까지 진행된 북한의 귀국사업은 9만 명 이상의 재일조선인들을 북한으로 귀국시켰다. 하지만 애초의 선전과는 달리 피폐하고 열악한 북한의 정치적, 경제적 상황에 재일조선인들은 경악했다. 이들이 다시 일본으로 돌아올 길은 원천봉쇄되어 버렸다. 그로 인한 이산의 아픔은 지금도 재일조선인들에게 커다란 상처로 남아 있다. 일제강점기때 일본으로 건너가 북한 국적을 택한 제주출신 아버지를 둔 양영희 감독의 자전적인 극영화 〈가족의 나라〉(2012)에는 재일조선인 디아스포라의 비극이 고스란히 담겨 있다. 또한 1960~1970년대 재일조선인 청년들이 놓였던 특수한 처지와 성장환경 그리고 그들이 한반도의 분단상황으로 인해 어떠한 갈등과 고초를 겪었는지 한 가족의 삶을 통해 엿볼 수 있다. 동명의 자전소설도 나와 있으니 기회되면 읽어볼 것을 권한다.

재일제주인 거주지를 재현한 모형

재일제주인 작가 간행물

마을회관, 학교 등 재일제주인들의
기증사업을 기리는 기념비 모형

제주
해녀박물관

● 걸어다니는 지상의 박물관, 제주해녀

초등학교 다니던 시절, 외가가 제주라고 하면 친구들이나 심지어 선생님들까지 이구동성으로 이런 질문을 던졌다.

"너희 외할머니 해녀시니?"

지금은 그렇지 않겠지만 2,30년 전만 해도 일반인들 사이에서는 '제주 여인=해녀'란 등식이 굳건히 자리잡고 있었다. 사실 감귤과 관광이 도민들의 주요 소득원으로 자리잡기 전까지 제주 여인들은 바닷가에서 소라, 전복, 성게 등을 잡아 가족의 생계를 꾸려나갔다. 집에 돌아와서 어머니에게 여쭤보니, 우리 외가쪽 분들 중에는 해녀일 하시는 분이 아무도 없다는 얘기를 듣고 적잖이 실망했던 기억이 난다. 집안에 해녀가 있다고 자랑하면 그 희소성으로 인해 아이들 사이에서 단박에 화제의 주인공으로 떠오를 절호의 기회였기 때문이다.

예나 지금이나 하르방, 조랑말, 감귤과 함께 제주를 대표하는 아이콘인 해녀. 제주에서는 해녀를 잠녀(潛女)·잠수(潛嫂)·좀녀 등 다양한 용어로 불러왔고 바다에 들어가 미역, 전복, 소라 따는 걸 물질이라고 했다. 2015년 10월, 제주도는 제주도 조례개정을 통해 잠수어업인, 해녀, 잠수 등의 명칭을 '해녀'로 일원화했다. 또한 해녀의 정의도 "제주도에 거주하는 사람으로, 수산업협동조합 조합원이며 마을어장에 잠수하여 수산물을 포획, 채취하는 사람"이라고 했다. 해녀는 한국 제주와 일본에만 존재하는 희귀한 문화유산이기 때문에 현재 제주해녀는 일본 아마(海女)와 유네스코 문화유산 등재를 놓고 치열한 경쟁을 벌이고 있다.[12]

망망대해에 뛰어들어 별다른 장비 없이 태왁에 몸을 의지해 파도를 가르고 물질하는 제주해녀는 언제부터 있었을까? 언제부터 제주에 해녀가 있었는지 알 길이 없지만, 물질은 삼국사기, 고구려본기에 섬라(제주)에서 진주를 진상했다는 기록이 있어 삼국시대 이전부터 시작된 것으로 보인다. 문헌상으로는 고려시대인 1105년(숙종 10년) 제주도에 구당사(勾當使)로 부임한 윤응균이 "해녀들의 나체조업을 금한다"는 금지령을 내린 기록이 있다.

제주가 워낙 해녀들의 생활력으로 지탱해온 섬이라서 그런지 해

---

12 1930년대에 제주문화에 매료되어 문화인류학사에 길이 남을 명저 《제주도》를 펴낸 일본인 학자 이즈미 세이지는 제주해녀가 "일본의 해녀보다 추위에 강하고 또 임신, 월경에도 아랑곳없이 사철 조업한다"며 "일본해녀들보다 훨씬 뛰어나다"고 기록한 바 있다.

녀에 관한 속담도 많다. "이승에서 벌어 저승에서 쓴다"는 속담은 죽음의 위험이 도사리는 해녀의 '극한 직업'을 뜻하고, "물 아래 삼년, 물 우이 삼년(물 속에서 3년 물 밖에서 3년)"이라는 속담은 물 밖에서 사는 시간과 거의 맞먹는 시간을 물속에서 생활한다는 뜻이다. "좀년 애기 낭 사을이민 물에 든다"는 속담도 있는데 "해녀는 아기를 낳고 3일이면 잠수질(물질, 바다일)을 한다"는 뜻이다.

이제 제주해녀는 지역민들의 생계수단을 넘어 관광산업의 아이콘이 되고 있다. 제주에서 제일 큰 수족관에서는 해녀들의 수중 공연을 볼 수 있고, 어촌체험장, 해녀학교 등이 세워져 육지인은 물론 전 세계인들에게 해녀체험은 물론 제주해녀 정신을 계승할 수 있는 문화 콘텐츠로 변모하고 있다.

제주에는 이러한 해녀문화의 가치 재조명과 해녀들의 삶을 알아볼 수 있는 해녀박물관이 있다. 2006년도에 개관한 해녀박물관은 지하 1층 지상 3층의 연면적 4,000㎡에 3개의 전시실과 영상실, 전망대, 어린이 체험관 등으로 이루어져 있다. 제주시에서 운영하는 박물관이라 내용도 알차고 편의시설이 잘 되어 있으며, 입장료도 저렴해 가족나들이에도 적격이다.

이제 삶 자체가 치열한 투쟁이자 예술이었던 제주해녀들의 삶의 현장으로 떠나보자.

● 숨비소리 가득한 삶의 현장으로

전시장 입구에 들어서면 이승수 작가의 〈자연과 인간의 공존〉
(2005)이라는 스테인리스 스틸과 동으로 만든 해녀조형물이 관람
객을 반긴다. 해녀박물관 로비와 복도 곳곳에 해녀를 테마로 한 미
술가들의 조각과 사진을 전시하여 작은 갤러리를 겸하고 있다.

본격적인 전시관람에 앞서 매표소 바로 옆 영상실에서 제주해녀
에 관한 8분 가량의 짧은 다큐를 볼 것을 권한다. 짧은 시간이지만
해녀들의 삶과 관련 용어, 해녀 노래, 해녀 굿, 공동체 문화가 큰
스크린과 빼어난 영상미로 잘 전달되어 감동적이다.

1전시실은 해녀의 삶을 주제로, 제주해녀들의 의식주 전반에 대해
전시하고 있다. 제주 어촌의 초가집을 그대로 복원한 해녀의집,
어촌마을이 있고, 무속신앙, 세시풍속, 어촌생업을 모형으로 재현
했다. 1960~70년대 제주해녀의 단출하면서도 고단한 삶을 엿볼
수 있다. 또한 해녀의 삶에서 빠질 수 없는 바람의 신 영등신을 맞
이하고 보내는 영등굿, 잠수굿을 모형으로 전시하고 있다.

제2전시실은 물질, 나잠어구, 해녀공동체 등 해녀의 일터를 중심
으로 꾸며졌다. 전시실에 들어오면 바다에서 얼어붙은 몸을 녹이
기 위해 불턱에서 불 쬐는 해녀들의 모형과 함께 음향장치를 통해
해녀들의 숨비소리를 들을 수 있다. 해녀들은 최고 20m까지 잠수
를 하는데 바다 밑에서 1~2분 넘게 숨을 참고 수면위로 올라와 참

왔던 호흡을 내뱉으면 '호오이 호오이~' 하는 노래 같기도 하고 휘파람 같기도 한 소리가 난다. 이 소리를 제주 방언으로 '숨비소리'라고 하는데 일부러 내는 게 아니라 막힌 숨을 토해내는 토악질이라 할까? "칠성판을 등에 지고 물질한다"는 말도 있듯이 해녀들의 작업에는 늘 위험이 따른다. 전복 하나 더 건지려다 물숨을 마시거나, 해초에 감겨 물밖으로 못나올 수도 있고, 겨우 수면위로 떠올라도 파도에 휩쓸릴 수도 있다. 이렇게 이승과 저승의 경계선을 가르며 작업하는 해녀들이 내는 생명의 소리이자 바다 여신의 언어다.

이곳에는 복장이나 물질에 쓰이는 다양한 도구들이 전시되어 있다. 1970년대 들어 고무 잠수복을 입기 전까지 해녀들이 작업복으로 입었던 소중이와 작업도구였던 태왁, 빗창, 망사리 등을 볼 수 있다. 이렇게 단순하고 원시적인 도구로 그 무서운 바다에 맞서다니.. 아찔한 기분마저 든다. 그 외에 이건의 〈제주풍토기〉(1629), 이익태의 〈지영록〉 등 제주해녀의 존재를 기록한 고문헌과 이형상의 〈탐라순력도〉 중 '병담병주'(1702년)에 묘사된 해녀의 모습을 볼 수 있다. 지금의 용두암 근처에서 물질을 하는 해녀의 모습을 그렸는데 아마 역사상 최초로 형상화된 해녀의 모습이 아닐까 싶다. 이 무렵까지만 해도 제주도에는 잠수들이 바다에서 나체로 작업하는 일이 있어, 숙종때 제주목사로 부임했던 이형상은 이런 풍토가 미풍양속을 해치는 일이라 하여 금지시켰다.

제3전시실은 해녀들의 생애 및 다양한 삶의 모습을 전하는 영상물과 물질하며 틈틈이 만든 해녀들의 공예품, 그리고 실제 해녀의 모습을 뜬 석고모형을 만날 수 있다. 그중 가장 흥미로웠던 것은 〈해녀가 되고 싶은 소녀 영재〉란 다큐였다. 1975년 캐나다 방송협회에서 제작한 이 다큐는 조천읍에서 해녀수업을 받는 12세 소녀 영재의 일상을 담아냈다. 원래는 25분짜리 영상인데 박물관측에서 영재가 해녀수업을 받는 장면만 축약해서 10분으로 줄였다. 우연한 기회에 유튜브에서 원본을 검색해봤는데, 1970년대 고즈넉한 제주 어촌 풍경과 마을 아이들의 일상이 컬러 필름으로 생생하게 기록되어 문화사적 가치가 있었다. 솜털이 보송보송한 어린 여자애들이 배를 타고 먼바다로 나가 수영복 하나 걸치고 깊고 추운 바다 속으로 풍덩풍덩 뛰어드는 장면은 놀랍기만 하다. 불과 40년 전 제주 어촌에서는 저렇게 가업을 이어받아 해녀영재수업(?)을 받는 초등학생 아이들이 있었다니 격세지감이 느껴진다. 무엇보다도 거의 반세기 전 서구권에서 제주해녀의 삶과 공동체 문화에 관심을 보였다는 사실이 새삼스럽다.

전시실에서는 일제강점기 항일운동을 벌였던 제주해녀들의 자랑스러운 역사도 전시되고 있다. 제주해녀와 항일투쟁이라는 조합은 많은 사람들에게 낯설고 어색하게 다가올 수도 있을 것이다. 제주해녀들의 항일투쟁은 제주 3대 항일운동이자 가장 규모가 크고 격렬했던 역사적 사건이다. 1931년부터 1932년 1월까지 제주해녀 17,000여 명이 참여한 이 투쟁은 집회·시위만 238회에 달했던 '국내 최대 여성주도 항일투쟁'이다. 해녀박물관이 들어선 하도리가 해녀마을 중 대표성을 띠는 이유는 현재 해녀가 가장 많이 남아 있다는 점 말고도 일제강점기에 해녀항일운동이 시작된 마을이라는 역사성 때문이기도 하다.

일제강점기 이후 일본인들의 무분별한 남획과 채취로 인해 제주 앞바다에는 해산물이 씨가 말라버렸다. 해녀들은 일본과 러시아, 중국으로 출가물질을 떠나야 했는데 그에 필요한 준비자금을 마련하기 위해 높은 이자의 빚을 져야 했다. 설상가상으로 해녀조합의 착취로 손에 쥐는 게 없었던 그들은 더 많은 해산물을 캐기 위해 더 깊고 먼 바다 속으로 뛰어들어야 했다. 타고난 생활력으로 무장한 이들은 이국땅에서 열심히 돈을 모아 고국에 송금해 4.3사건과 한국전쟁으로 피폐해진 제주경제를 재건하는데 큰 역할을 했다. 뿐만 아니라 전 국토에 굶주림이 서려 있던 1953년, 제주 협재에 사는 해녀 여섯 명이 독도로 첫 원정물질을 갔다고 한다. 이때 독도에 경비소를 지으려고 통나무를 잔뜩 싣고 온 배가 파도에 뒤집혀 선원들이 발만 동동 구르고 있는데, 해녀들이 씩씩하게 바다에 뛰어들어 물에 뜬 통나무를 뭍으로 건져냈다는 놀라운 일화도 전해진다.

현재 제주해녀는 수산업의 현대화와 고령화 문제로 인해 거의 맥이 끊겨가고 있는 형편이다.

1. 제주해녀박물관
2. 전시장 한켠에 마련되어 있는 어린이 해녀관. 어린이들이 제주해녀 관련 체험과 놀이를 할 수 있는 놀이방이자 학습실이다.

1. 해녀들의 작업복이었던 소중이와 적삼
2. 해녀들의 쉼터였던 불턱의 정경을 재현해놓은 모습
3. 제주해녀를 주제로 작업하는 이승수 작가의 〈자연과 인간의 공존〉(2005)이 전시장 입구에서 관람객을 맞이한다.

한때 3만 명이나 되던 해녀들이 현재 4,500명 남짓이다. 그중 60%가 70세 이상으로 해녀들의 고령화가 급속도로 진행되고 있다. 그나마 남은 해녀들도 직업병으로 이명증과 만성두통에 시달려 온갖 약에 의존하며 생활하는 처지다.

7~80대 해녀들이 살던 고즈넉한 바닷가 돌담집은 할머니들이 세월의 뒤안길로 사라지면서 카페나 게스트하우스로 속속 변모하고 있다. 해녀들의 신산한 삶의 자취가 흔적도 없이 사라지는 셈이다. 이러다 앞으로는 제주해녀를 박물관에서 박제화된 모형으로 보게 되는 건 아닌지 걱정스럽다. 해녀들이 사라지면 음력 정월이면 용왕님께 무사안녕을 빌었던 해신당과 영등굿, 잠수굿 등 제주 전통문화도 함께 사라질 위기에 처하기 때문이다. 언젠가 어느 학자가 경고했던 말이 생각난다. "해녀 하나가 사라지면 제주도의 박물관 하나가 사라지는 결과를 빚을 것"이라고.

그래도 요즘은 제주 곳곳에 '해녀학교'가 세워지고, 젊은 여성들과 외국인들이 물질과 해녀공동체 속의 삶을 체험하러 삼삼오오 모여든다 하니 다행스럽다. 이들이 여러 관문을 통과한 후 정식 해녀가 되어 제주해녀의 명맥이 계속 이어지기를 기대해본다.

유네스코 문화유산 등재를 놓고 세계는 물론 국내에서도 제주해녀에 대한 관심이 높아지고 있다. 21세기 첨단시대에 원시 어로형태의 잠수업이 존재한다는 사실 뿐만 아니라 해녀들의 자연친화적이고 공동체적인 삶의 가치를 높이 평가했기 때문일 것이다.

설문대할망에게 물려받은 강인한 생활력으로 오늘날까지 제주를 떠받친 제주해녀들. 이들의 삶과 문화를 지켜주고 계승하는 것이 야말로 동시대를 사는 우리들의 임무가 아닐까 되새겨본다. 해녀박물관이 있다는 사실이 참 소중하고 고맙게 여겨지는 이유다.

♥ 해녀박물관 : 제주시 구좌읍 해녀박물관길 26 (064.782.9898)
♥ 관람시간 : 09:00~18:00
♥ 관람요금 : 성인(25~64세) 개인 1100원 / 단체 800원
청소년(13~24세) 개인 500원 / 단체 300원

전시장 한켠에는 어린이 해녀관이 마련되어 있다. 이곳은 어린이들이 제주해녀 관련 체험과 놀이를 할 수 있는 놀이방이자 학습실이다. 통유리로 자연광이 환하게 들어오는 인테리어도 쾌적하고 숨비소리 체험, 망사리 시소와 저울, 재미있는 고망낚시 같은 다양한 프로그램이 구비되어 있어 아이들이 즐겨찾는 곳이다. 박물관 기념품가게에도 해녀와 관련된 각종 기념품들을 판매하고 있다. 해녀박물관 3층 전망대에 오르는 것도 잊지 말자. 이곳에서는 테이블에 앉아 음료수를 마시거나 테라스에 나서면 그림 같은 구좌읍 종달리 앞바다와 마을풍경이 한눈에 내려다보인다. 또한 해녀를 주제로 사진전 및 각종 기획전이 열려 작은 갤러리도 겸한다. 박물관 밖 너른 잔디마당에 펼쳐진 해녀광장에서는 해녀들의 쉼터였던 불턱과 해녀들의 삶을 주제로 한 조형물 그리고 제주해녀 항일운동기념탑을 만날 수 있다. 해녀박물관은 최근 카페촌으로 각광을 받고 있는 월정리와 세화해수욕장 근처에 위치하고 있다.

바닷가에서 놀다가 가볍게 들렀다 가기 좋다.

그 외에 조천만세운동, 해녀항쟁을 비롯한 제주항일운동의 역사에 대해 더 자세히 알고 싶다면 조천읍 조천리 미밋동산 기슭에 위치한 제주항일기념관을 추천한다.

2007년부터 매년 10월 초에 제주특별자치도 주최로 구좌읍 해녀박물관 일대에서 3일간 '제주해녀축제'가 벌어진다. 학술행사, 공연, 경연대회, 체험행사 등으로 이루어진 축제는 제주해녀들과 도민, 관광객들이 한데 어우러져 축제도 즐기며 제주해녀문화에 대한 이해를 높일 수 있다.

● 제주해녀항쟁과 해녀의 노래

제주 최초의 여성 중심의 생존권 투쟁

제주 최초의 여성 중심의 생존권 투쟁운동이자 여성항일운동인 해녀항쟁. 이는 하루아침에 일어난 게 아니었다. 일제강점기 일본 무역상과 결탁한 객주들은 해녀들에게 전도금(일종의 계약금)을 주고 해산물을 사들일 때 저울눈금을 속이기 일쑤였다. 당시 해녀들은 배움의 기회가 없어 문맹자가 많았기 때문에 저울 눈금이나 숫자를 못 읽는 사람이 태반이었다. 해녀들이 정당한 노동의 대가를 못받고 착취당하는 일이 계속되고 불만이 높아지는 가운데, 1930년 성산포 해초부정판매사건이 일어났다. 조합장 서기가 상인과 결탁해 시세의 절반도 안 되는 가격으로 매수하자 해녀들이 지정 가격을 지키라고 항의한 것이다. 1931년, 조합은 아예 일본상인들이 시세의 절반도 안 되는 가격에 해산물을 매입할 수 있도록 특혜를 주었다.

1932년 1월 7일, 참다못한 해녀들이 분연히 떨쳐 일어났다. 세화리 장날에 제주도사(도지사)가 제주도 내 순시차 구좌면 세화리를 경유한다는 정보를 입수한 하도리 해녀 300여 명이 해녀복을 입고 손에 호미와 빗창을 들고 도사의 행차를 가로막았다. 이들은 직접 작성한 진정서(9개 항의 요구사항)를 제시하며 항일투쟁을 전개했다. 해녀의 권익옹호와 주권회복을 요구하며 해녀노래를 합창하면서 대대적인 시위를 했는데 이때 제주도사가 도주하고 만다. 당시 면장겸 해녀조합 지부장은 문제를 해결해줄 테니 일단 해산하라고 회유하여 해녀들을 돌려보냈지만 해녀들의 요구사항이 이행되지 않자 1월 12일, 또다시 세화리 장터에서 2차 시위가 일어났다. 이번에는 1,000명이 넘는 해녀들이 집결했다. 결국 해녀들과 제주도사 다구찌의 담판이 이루어졌고, 다구찌는 해녀들의 요

제주해녀항일운동기념탑

구조건을 5일 안으로 들어주기로 약속했다. 몇 차례의 투쟁 끝에 일단 해녀들이 승리한 것처럼 보였지만 끝내 약속은 지켜지지 않았다. 이 사건을 계기로 일제는 항일해녀운동을 조기에 차단하기 위해 목포에서 응원경찰대까지 불러들여 100여 명의 해녀들을 검거했다. 주모자인 부춘화와 김옥련 해녀는 6개월간의 옥고를 치렀다. 이들은 모진 고문에도 자신들이 주모자임을 스스로 밝히며 동료들을 석방시키는데 앞장섰다. 이후 부덕량은 1938년 고문후유증으로 스물일곱의 나이에 숨을 거두었다.

일제경찰은 이 사건을 배후에서 조종했다는 혐의로 '혁우동맹'을 대대적으로 탄압하기 시작했다. 사실 해녀들이 이렇게 조직적으로 항쟁을 일으킬 수 있었던 건 제주 사회주의계열 청년운동가들로 구성된 혁우동맹의 지원이 있었기 때문이다. 이들은 글과 셈을 모른다는 이유로 늘 착취당하는 제주해녀들을 계몽시키는 길이 일제수탈에서 살아남는 길임을 설파했다. 곳곳에 야학을 세우고 해녀들에게 한글, 천자문, 산수를 가르쳤지만 고단한 일상에 지친 해녀들이 야학에 찾아오기란 쉬운 일이 아니었다. 하지만 활동가들이 뿌린 씨앗은 서서히 결실을 맺어 해녀들은 하나둘씩 문맹에서 벗어나는 동시에 항일의식과 민족의식에 눈을 떠갔다.

우도 연평리에서 태어난 강관순(1909~1942)은 혁우동맹의 핵심인물이었다. 제주에서 언론활동을 하던 그는 해녀가 가장 많았던 우도에서 야학을 통해 지속적으로 해녀들을 계몽했다. 해녀항쟁 당시 주역들을 이끌었고, 1932년 1월 26일 우도에서 배후자로 체포되었다. 당시 그를 감옥으로 이송하려고 경찰이 우도를 떠날 무렵, 해녀들 800명이 경관을 포위하고 위협했다는 신문기사가 실릴 정도로 그는 우도해녀들의 정신적인 지주였다. 강관순은 목포와 대구 감옥에서 옥고를 치루면서 감방 안에서 〈해녀의 노래〉를 작사했는데, 면회 온 동지 부인을 통해 전해져 세상에 알려졌다. 이후 그는 고문후유증으로 인해 해방을 보지 못하고 서른 셋의 나이에 세상을 떴다. 비록 해녀항쟁은 일제의 탄압에 미완성으로 끝났지만 우도청년 강관순이 지은 〈해녀의 노래〉는 아직까지 제주해녀들이 애창하고 있다.

1. 우리들은 제주도의 가엾은 해녀들 / 비참한 살림살이 세상이 안다
   추운 날 무더운 날 비가 오는 날에도 / 저 바다 물결 위에 시달리는 몸
2. 아침 일찍 집을 떠나 황혼 되면 돌아와 / 어린아이 젖 먹이며 저녁밥 짓는다
   하루 종일 해봤으나 버는 것은 기가 막혀 / 살자하니 한숨으로 잠못 이룬다
3. 이른 봄 고향산천 부모형제 이별코 / 온 가족 생명줄을 등에다 지어
   파도 세고 무서운 저 바다를 건너서 / 각처 조선 대마도로 돈벌러 간다
4. 배움없는 우리 해녀 가는 곳마다 / 저놈들의 착취기관 설치해 놓고
   우리들의 피와 땀을 착취하도다 / 가엾은 우리 해녀 어디로 갈까

제주해녀항쟁은 '여성 중심의 첫 생존권 투쟁'이자 일제에 저항

한 '항일운동' 이었지만 사회주의 계열 독립운동단체였던 혁우동맹과 관련이 있다는 이유로 70여 년간 제대로 조명되지 못했다. 1995년 '제주해녀항일운동기념사업위원회' 가 결성돼 해녀항쟁에 대한 재조명이 이뤄지면서 2003년 부춘화 잠녀와 김옥련 잠녀가, 2005년 부덕량 잠녀와 강창보, 강관순, 김성오 등 혁우동맹 회원 4명이 국가유공자로 선정됐지만 아직도 대부분의 관련자들은 인정받지 못하고 있다

에메랄드빛 물색과 벨롱장터로 인해 사람들이 몰리는 제주 동쪽 한적한 어촌인 구좌읍 세화리와 섬속의 섬으로 각광받는 우도. 이들 지역이 한때 치열한 항일투쟁의 본거지임을 아는 사람은 몇이나 될까.

현재 우도의 관문인 천진항에는 우도해녀항일비가 세워져 있고 기념탑 옆에는 강관순이 지은 〈해녀의 노래〉가 새겨진 시비(詩碑)가 서 있다. 또한 우도 전을동 바닷가에는 강관순의 생가가 표지석과 함께 남아 있으니 한 번쯤 눈여겨 보고 오면 더 의미 있는 여행길이 될 것이다.

Part 3

풍경이 된
뮤지엄

이타미 준의 또 다른 흔적, 방주교회

제주
세계자연
유산센터

● 거문오름이 품은 에코타임캡슐

제주에는 오름이라 불리는, 높지도 낮지도 않은 기생화산들이 있다. 오름이 품은 산담과 밭담은 유연한 능선 그 자체로 눈부신 풍경이자 대지 예술이다. 일단 제주 대자연의 품에 안기면, 예술작품을 비롯해 인간의 손으로 빚어낸 그 모든 것들이 부질없고 초라하게 느껴질 정도다. 화산폭발로 인한 독특한 생태계가 빚어낸 풍경과 공기는 일상에 찌든 도시인의 영혼을 치유하고 삶에 대한 의욕을 불어넣어주기에 충분하다.

제주 오름은 그 수나 규모 그리고 생태계 보전 측면에서도 압도적인 화산지형이 낳은 제주만의 자랑거리다. 그중 제주시 조천읍 선흘리 한라산 북동쪽 기슭에 솟은 거문오름은 분화구 화산 폭발의 규모가 큰 곳으로, 오름의 지존이라고 해도 과언이 아닐 것 같다. 2007년 거문오름 용암동굴계는 한라산, 성산일출봉과 함께 유네스코 세계자연유산에 등재되었다. 현재 세계자연유산으로 지정된 곳은 우리나라에서 제주도가 유일하다.(그 이전인 2002년에 생물권 보전지역이 되었고, 2010년에는 세계지질공원으로 지정되었다) 이를 기념하기 위해 도에서는 전시홍보관을 지었고, 2012년 제주세계자연유산센터를 준공했다. 제주에 수많은 오름이 있지만 이렇게 홍보관을 갖춘 곳은 거문오름이 유일하다.

거문오름의 뜻은 숲이 무성하게 우거져 검다는 말에서 유래되었다. 제주의 수많은 오름 중 왜 거문오름만이 세계자연유산으로 등재되었을까? 그 이유는 거문오름이 숨겨 놓은 비밀의 왕국 때문이다. 먼 옛날 거문오름에서 분출된 용암이 14km에 이르는 월정리 해변가까지 흘러가면서 수많은 용암동굴을 만들었다. 하나의 화산으로 이처럼 긴 거리를 따라 동굴이 형성되는 경우는 세계적으로 희귀한 현상이다. 그중 뱅뒤굴, 만장굴, 김녕굴, 용천동굴, 당처물동굴이 자연사적 가치가 인정되어 2006년 세계자연유산으로 등재됐다. 거문오름을 모체로 한 이 다섯 동굴은 태고적 모습을 그대로 간직하면서 용암동굴과 석회동굴의 특질을 모두 갖고 있다.

거문오름이 세계자연유산으로 등재되기까지는 우여곡절이 많았다. 우선 그 자격요건을 갖추기 위해서는 사람들의 손을 타지 않은 자연상태의 동굴을 지녀야 했다. 하지만 제주의 동굴들은 오래전부터 관광지화되어 버리는 바람에 거문오름이 유네스코 세계자연유산으로 등재되기엔 2%가 부족했다. 그러다 1996년 당처물동굴 발견에 이은 2005년 용천동굴의 발견은 뜻밖의 행운이었다. 이 동굴들이 모두 거문오름에서 시작되었고, 아직 사람들의 발길이 닿지 않은 태고적 모습을 그대로 지닌 상태라 심사에 통과되어 마침내 세계자연유산 등재라는 결실을 맺었다.

아쉽게도 거문오름 탐방 코스에서 동굴탐사는 제외되어 있다. 거문오름의 동굴은 아직 탐사중인 곳도 많고 일부 비공개동굴은 지질학자의 연구목적용으로만 개방되기 때문에 일반인들의 출입이 금지되어 있다. 용암동굴의 모습이 궁금하면 거문오름 탐방과는 별도로 관광지로 개방된 만장굴이나 김녕굴에 찾아가면 된다. 아니면 세계자연유산센터 상설전시실과 제주시내에 있는 민속자연사박물관에서도 실제 크기로 복제한 용암동굴 모형을 볼 수 있다. 거문오름을 배경으로 지어진 자연유산센터 건물은 화산섬 제주의 지형, 지질, 오름에 대한 이해를 돕는다. 하지만 박물관 내의 전시물만 보려고 그곳까지 찾아가는 사람은 없을 것 같다. 탐방안내소에서 출입증을 받고 해설사를 따라 2시간 반에 이르는 오름탐방에 합류해야 본격적인 지질여행이 시작되기 때문이다. 거문오름은 세계문화유산으로 등재된 2007년 이후, 트레킹 코스를 개발하여 하루 400명에게만 출입증을 발급하고 안내원의 인도하에 따라갈 수 있게 하고 있다. 이를 위해서는 인터넷 사전예약이 필수다.

이제, 태고적 제주의 타임캡슐같은 거문오름 트레킹을 시작하자.

● 화산이 낳은 예술작품, 제주오름

전설 속 설문대할망의 치마 폭에서 떨어진 흙이 모여 만들어졌다는 오름들. 과연 오름 없는 제주섬을 상상이나 할 수 있을까? 언제부터인가 제주에 가면 꼭 오름에 들르는 게 습관이 되었다. 정상까지 오르기 위해 숨이 끊어지는 듯한 고통(?)과 인내심이 요구되는 등산이 버거운 나로서는 적당한 경사와 높이의 오름은 동네 뒷산처럼 편안하고 만만하다. 오름 입구에 접어들자마자 싱그러운 숲내음이 청량감을 전해주고 봄이면 고사리 천지, 가을이면 억새가 장관을 이루며 계절마다 각기 다른 표정으로 다가온다. 숨이 차오르기 시작할 때면 벌써 정상에 오르게 되는데, 여기서 파노라마로 내다보이는 제주 풍경은 그야말로 장관이다. 눈앞에서 천지가 개벽한 것 같은 장엄한 광경에 넋을 놓고 있다가도 능선을 오르기 위한 노력 대비 너무 과분한 보상을 받는 것 같아 송구스런 마음도 든다. 오름 정상에 앉아 준비해온 차라도 한잔 하면서 조용히 자신의 삶을 되돌아보는 명상의 시간을 갖고 있노라면 설문대할망과 영적인 소통을 하는 느낌이다.

수많은 오름들 중 어디 하나 아름답지 않은 곳이 없지만 거문오름은 그 규모나 숲의 울창함에서 압도적이다. 거문오름에 대한 이미지가 뇌리에 강렬하게 남게 된 건 한 장의 사진 때문이었다. 오래전 김영갑갤러리 두모악에 들렀을 때였다. 입구에서 입장권을 끊으니 김영갑 작가의 작품들이 담긴 사진엽서를 한 장씩 나눠주었다. 한동안 우리집 냉장고에 붙어 있던 그 엽서의 이미지는 한 번도 가본 적 없는 거문오름이었다. 그것은 내가 여지껏 알고 있던 전형적인 오름의 모습이 아니었다. 무엇 하나 숨길 것 없는 민둥산에 부드러운 능선을 지닌 목가적인 오름이 아니라, 아마존의 밀림처럼 숲이 무성한 열대우림지대 같았다. 그 안에 들어간 생명체들을 모두 삼켜버릴 듯한, 한 번 발 들여놓았다가는 다시는 돌아나올 수 없을 것 같은 검푸른 심연과도 같았다. 손바닥 크기의 사진엽서에서 대자연이 주는 경외감과 아찔함을 느꼈다. 그때부터 거문오름은 내게 아름답다기보다는 범속한 인간이 함부로 가까이 못할 신령스러움이 서려 있는 성소처럼 다가왔다.

● 풍경의 일부로 녹아든 오름 트레킹

지역주민이기도 한 해설사를 따라 난생 처음 거문오름의 넓고도 깊은 품 속으로 진입한 때는 1월 중순. 칼바람이 부는 한겨울이었지만 오름의 숲은 짙은 푸르름을 잃지 않고 있었다. 오름 중턱까지는 울창한 삼나무숲길이 이어지는데 바람에 흔들리는 나무에서 전해오는 피톤치트와 이름모를 새들의 지저귐으로 오감이 즐겁다. 게다가 탐방로 산책길은 비나 눈이 온 다음날에도 쾌적하게 다닐 수 있게 목재 데크가 깔려 있어 탐방객들의 편의를 돕는다.

"거문오름은 원추형·말굽형·원형·복합형 등 제주 오름의 특징을 모두 갖춘 오름"이며 "남방·북방식물이 공존해 식생이 다양하고 지질학적·생태학적으로 연구 가치가 높을 뿐만 아니라 숯가마터, 일제강점기 동굴진지와 주둔지, 4.3유적지 등 역사·문화를 고스란히 간직하고 있다"고 설명하는 해설사의 목소리에서 자부심이 묻어나온다.

탐방로 입구에서 출발한 지 채 20분도 지나지 않아 해발 456m 거문오름의 정상에 도착한다. 한라산 자락 주변을 감싸듯 오름들이 어깨를 나란히 하듯 어우러지면서 화산섬 제주만의 독특한 풍광을 뽐낸다. 마치 망망대해에 떠있는 섬들을 보는 것처럼 몽롱하고 아련한 풍경이 펼쳐진다. 9개의 봉우리를 품고 있는 거문오름 분화구도 한눈에 내려다 보이는데, 둘레가 약 5km로 한라산 백록담의 3배 규모다. 여기서 뿜어진 용암이 해안가까지 흘러가면서 스무 개가 넘는 동굴을 만들었다니.. 두 눈으로 직접 분화구의 규모를 확인하니 그럴 만도 하다. 정상에서 내려가는 길은 다채로운 곶자왈의 장관이 펼쳐진다.

제주어로 '곶'은 숲을 뜻하고 '자왈'은 자갈이나 바위같은 암석 덩어리를 뜻한다. 곶자왈은 점성이 높은 용암이 작은 바위 덩어리로 쪼개져 요철 지형을 만들고, 그 위에 나무와 덩굴식물이 뒤엉켜 자라는 숲을 뜻한다. 숲은 돌이 머금은 습기를 먹고 커가며 온갖 생명의 터전이 된다. 뿌리로 거대한 바위를 갈퀴처럼 움켜쥐고 수

백 년을 살아온 고목들의 행렬과 그 아래에서 무성하게 자란 양치식물과 버섯들이 한데 어우러져 초록융단이 이어진다. 곶자왈의 식생이 풍부하고 독특한 것은 돌무더기 아래 지하에서 뿜어내는 습기 때문이다. 특히 거문오름은 남방과 북방한계 식물들이 공존하며 독특한 생태환경을 조성하는 생태계의 보고다. 식물에 관심 많은 사람들은 식물도감을 들고 가면 좋을 것 같다.

탐방로 곳곳에는 아래로 깊게 패인 협곡이 있다. 이 협곡은 용암동굴 천장이 무너져 생긴 계곡이다. 최적의 온도와 습도를 유지하기 때문에 협곡 주변은 사계절 푸르른 숲을 이루고 있다. 아득한 옛날 화산폭발시 떨어져 나온 용암덩어리가 급격히 식어 굳어진 화산탄도 제주 곶자왈에서만 만날 수 있는 희귀한 볼거리다.

곶자왈 암반 사이의 돌구멍을 통해 여름에는 시원하고 겨울에는 따뜻한 지하공기가 흐르는 풍혈은 화산지형에서 볼 수 있는 독특한 지질구조다. 마침 추운 겨울날이라 풍혈에서 김이 모락모락 나오는 진풍경을 만날 수 있었다. 여름철에는 에어컨 못지 않은 시원한 바람 덕분에 무더위에 지친 탐방객들의 쉼터가 된다.

곶자왈 길목 곳곳에는 화려하기 그지없는 붉은 열매가 떨어져 있는데, 해설사님이 강한 독성 식물이니 절대 호기심으로 먹어보거나 건드리지 말라고 신신당부하신다. 천남성이라고 불리는 행성의 이름과도 같은 이 열매는 예전에 사약을 만드는 재료로 쓰였다고 한다. 가을철 붉은 보석 같이 익어가는 이 치명적인 열매를 조

거문오름 정상에서 바라본 모습

1. 오름 진입로에 펼쳐진 삼나무 숲길
2. 겨울에는 모락모락 김이 나고 여름에는 에어컨 역할을 하는 풍혈

심하라는 안내문을 제주 숲 곳곳에서 만날 수 있는데, 곶자왈의 귀여운 악동처럼 느껴진다.

오름 내부를 한참 내려가면 거문오름 정상에서와 마찬가지로 탐방객의 발길을 붙잡는 또 하나의 절경이 나타난다. 알오름에 이르기 직전 거문오름 분화구 속 볼록 솟은 곳에 있는 분화구전망대다. 이곳에 들어가면 분화구 숲 전체를 감상할 수 있다. 360도로 펼쳐진 파노라마 풍광은 속세의 번잡함을 잊고 심호흡하며 대자연의 기운을 만끽하기에 적격이다. 마치 설문대할망의 품에 안긴 것처럼 일상에 지친 몸과 마음을 위로받는 안식처이자 상서로운 기운마저 느낄 수 있다.

다시 계단을 내려가면 일제강점기의 일본군 갱도진지와 마주친다. 거문오름에는 태평양전쟁 말기 일본군 6,000여 명으로 구성된 108여단 사령부가 주둔했다. 일본군은 제주의 수많은 오름, 해안 곳곳에 자신들이 다녀간 흔적을 남겼는데, 거문오름에서 발견된 갱도진지만 10여 곳이다. 이렇게 깊숙한 밀림지대 구석구석까지 일본군이 남긴 생채기를 보고 있노라면 한반도 명산 곳곳에 박힌 일제의 쇠말뚝을 보는 것처럼 착잡한 기분이다.

아픈 역사의 현장을 뒤로하면 숯가마터가 나온다. 아래쪽 둘레가 25m, 높이는 2m 안팎인데 현무암을 둥글게 쌓아 올려 아치형으로 만든 가마가 원형 거의 그대로 보존되어 있다. 언제 숯가마를 만들었는지 정확한 시기는 모르지만 거문오름 분화구 내의 숯가마는 지난 시절 제주민의 중요한 생활유적임에 틀림없다.

숯가마터에서 조금만 더 걸어가면 거문오름의 또 다른 자랑거리인 수직동굴을 만나게 된다. 깊이가 35m 정도 되는 호리병 모양의 수직동굴이란다. 탐방객들의 안전을 위해 입구를 철창살로 봉쇄했지만, 행여나 발을 헛디뎌 이곳에 빠지면 어떻게 될까 상상만 해도 아득해진다. 그런데 4.3때 주민들은 토벌대를 피해 이런 곳에까지 들어가 숨어 지냈다고 한다.

수직동굴 입구에서 갈림길이 나오는데, 여기서부터 탐방객은 선택의 기로에 서게 된다. 오른쪽 길로 가면 한 시간을 투자해야 하는 태극길 능선 탐방길이 시작되고, 왼쪽으로 가면 원래 출발했던 지점이 나온다. 시간상 일단 세계자연유산센터로 복귀하기로 했다. 초소 사거리까지 이어지는 구간을 20여 분 내려오니 탁 트인 들녘이 펼쳐지면서 늦가을에 초절정을 이루었을 법한 억새밭이 나온다. 이 길만 지나면 곧바로 자연유산센터 건물 뒤편이 나오면서 거문오름 탐방의 마침표를 찍게 된다. 두 시간 반 남짓한 길지도 짧지도 않은 트레킹 코스지만, 해설사의 조리있는 설명으로 지질, 식물, 문화, 역사 등 많은 것을 공부해 머리가 꽉 채워진 느낌이다. 하지만 에너지를 소모한 탓인지 뱃속은 텅 빈 느낌이라 아쉬운대로 건물 뒤편에 자리잡은 편의점에서 컵라면과 간단한 간식거리로 요기를 했다. 나중에 알고 보니 선흘리 일대는 2013년부터 향토산업 육성 차원에서 블랙푸드촌이 조성되었다고 한다.

거문오름이 세계자연유산으로 지정되면서 거문오름 탐방객들이 많이 늘어났지만, 선흘리 지역주민의 소득과는 연계되지 못했다. 주민들이 고심 끝에 검정색을 뜻하는 '거문'에서 착안, 선흘리에서 생산하고 가공한 식재료를 이용해 검은 콩국수, 검은깨 영양죽, 검은 보리밥, 흑돼지 고기국수 등 다양한 블랙푸드를 개발했다.

또한 선흘리 주민들이 마을단위로 수익창출을 위해 지역 관광객들을 위한 체험장을 짓고 있다고 한다. 검은색 식재료로 만든 음식을 개발하고 가공상품을 만든다고 하니 나중에 꼭 가보고 싶다. 이제 거문오름이 내려다보고 있는 앞마당에 자리잡고 있는 제주세계자연유산센터를 둘러볼 차례다.

♥ 거문오름 탐방예약 : 제주시 조천읍 선교로 569-36 (064.710.8981)
♥ 입장료 : 성인 2000원, 청소년 / 군인 / 어린이 1000원
♥ 출발시간 : 09:00~13:00 (화요일은 휴식의 날)

● 제주세계자연유산센터

제주 자연의 신비를 한눈에

제주세계자연유산센터(064.784.0456)는 289억 원을 투입해 지하 1층 지상 1층, 약 2,200평 규모로 2010년에 착공, 2012년에 준공했다. 건물은 한눈에 봐도 거문오름 분화구처럼 보인다. 안이 폭 파인 동그란 중앙정원과 유리로 된 타원형 건물이 겉과 속을 이루는 형태다. 부드러운 곡선이 거문오름의 능선과 어우러져 풍경의 일부

로 녹아든 셈이다.

센터 내부의 상설전시관은 홍보전시관, 영상체험관으로 나눠져
있다. 홍보전시관에서는 한라산의 탄생과정, 한라산과 용암동굴
의 지질구조, 생태체험, 세계자연유산 등재 의미 등을 엿볼 수 있
어 거문오름 탐방 전이나 후에 둘러볼 만하다. 오름의 생성을 알
기 위해서는 화산활동으로 제주섬이 형성되기 시작하는 120만 년
전으로 거슬러 올라가야 한다. 제주에는 약 55만 년 전부터 현재

까지 크게 4단계의 화산활동이 있었다고 한다. 육상에서 화산활동이 일어나면서 지표 여러 곳에 오름이 형성되고 오름에서 분출한 용암이 흘러 제주도 지표면을 만들었다고 한다. 이처럼 한라산이 거느린 봉긋봉긋한 368개의 오름은 제주에 '오름의 왕국'이란 타이틀을 선사했다. 전시물 중 백미는 당처물동굴과 용천동굴의 모형일 것이다. 탐방객들이 접근할 수 없는 거문오름 용암동굴계의 모습을 정교하게 재현해 놓았다.

상설전시관 맞은편에는 4D영상관이 있다. 잔뜩 기대를 하고 입구에서 나눠주는 입체안경을 받아 들어갔더니 제주설화를 소재로 제주의 자연을 소개하는 어린이용 단편극 수준이었다. 아이들 눈높이에서는 어떨지 모르겠지만 재미만 추구하다 보니 스토리는 그저 그런 영양가 없는 학습만화 수준이었다. 태초의 화산폭발로 생겨난 오름의 생성이나 용암동굴 내부의 신비로운 모습을 4D로 보겠구나 하는 기대감은 곧 실망감으로 이어졌다. 기왕이면 어른들 눈높이에도 맞는 깊이 있는 내용이었으면 더 좋았을 것 같다.

사실 전시관은 IUCN(세계자연보전연맹)의 권고를 이행하기 위해 지어진 것이지만 건물이 지어진 시점이나 규모에 비해 내용이 새롭거나 알차다는 느낌은 들지 않는다. 하지만 우리나라에서 유일한 유네스코 세계자연유산센터라는 이름에 걸맞게 거문오름의 풍경을 전망하는 장소이자 제주섬의 형성과 자연에 대한 이해를 돕는 곳이다.

세계자연유산에 속한 거문오름은 개인적으로 출입할 수 없고 예약 후 반드시 해설사와 동행해야 한다. 예약은 세계자연유산센터나 홈페이지에서 탐방 1일 전에 해야 하며 매주 화요일은 '자연휴식의 날'로 출입을 통제한다. 하루 탐방객 수도 450명으로 제한한다. 오름에 오르기 전 반드시 등산화를 신어야 하고, 샌들은 안 된다. 등산용 스틱과 우산도 가져갈 수 없고 식수를 제외한 음식물 지참도 금지다. 출발 시간은 오전 9시부터 13시까지.

트레킹코스는 태극길(제주세계자연유산센터~전망대~분화구~능선) 8km 코스와 용암길(제주세계자연유산센터~정상~뱅뒤길~경덕원) 5km 등 2개 코스가 있다. 태극길 코스의 경우 정상(1.8km), 분화구(5.5km), 능선(5km) 코스로도 탐방 가능하다. 7~8월에는 제주 곶자왈에서만 볼 수 있는 희귀식물 '가시딸기' 군락지도 볼 수 있다.

겨울에는 방학을 맞은 초등학교 학생을 대상으로 제주의 지질학에 대해 배우는 '까망고띠 겨울 지질학교'가 열린다.

♥ 제주세계자연유산센터 관람시간 : 09:00~18:00 (매월 첫째 화요일 휴관)
♥ 입장료 : 어른 3000원, 청소년 / 군인 / 어린이 2000원

핀크스
뮤지엄

● 이타미 준의 고요한 유토피아(바람/물/돌/두손미술관)

중문관광단지에서 가까운 한라산의 서남쪽, 서귀포시 안덕면 상
천리는 이타미 준의 건축박물관을 방불케 한다. 지금은 SK 소유지
만, 핀크스 비오토피아는 재일교포 사업가 김홍주 씨가 일본에서
큰돈을 번 후 고향 제주도에 투자할 생각으로 건설한 리조트다.
그는 재일교포 건축가 이타미 준에게 핀크스 프로젝트를 의뢰했
고, 이타미 준은 핀크스 골프클럽하우스와 비오토피아 타운하우
스 그리고 타운하우스 내에 4개의 작은 미술관을 총괄설계했다.
건축가 이타미 준(伊丹潤, 또는 유동룡 庾東龍, 1937~2011)은 재일동
포 출신으로 일본 무사시공대 건축학과를 졸업한 뒤 1970년대부
터 건축가의 길을 걷기 시작했다. 그는 31세에 처음으로 한국을
방문해 한국 옛집과 제주의 풍광에 빠져든 후 일본과 한국을 넘나
들며 많은 작품을 남겼다.

한국의 시골에서 자연 소재인 흙과 돌, 나무 등으로 구성된 민가를 통해 원초적 미의식을 발견한 그는 자신의 건축언어에 자연을 적극적으로 끌어들였다. 이타미 준은 〈먹의 집〉〈조각가의 아틀리에〉〈각인의 탑〉〈석채의 교회〉〈엠 빌딩〉〈온양민속박물관〉〈포도호텔〉〈방주교회〉 등 일본과 한국을 넘나들며 대표작을 남기며 2003년 프랑스 예술문화훈장도 받았다.

재일동포로서 평생 '경계인'의 삶을 살아야 했지만, 일본과 한국 사이에 낀 '문지방 영역'에서 새롭고 독특한 건축언어를 발견했을 것이다. 그가 제주에 남긴 유작들은 경계인이었던 그의 정체성을 잘 드러냄과 동시에 한국의 풍광과 가장 잘 부합하는 걸작의 집약체로 봐도 무방할 것 같다. 그중 핀크스 프로젝트는 독자적인 건축철학이 묻어나는 미술작품이자, 제주의 빛과 바람 그리고 돌로 구성된 이타미 준의 조용하고 겸손한 제국이다. 제주의 자연과 한몸을 이룬 이 건축물들은 그에게 무라노 고도 건축상, 김수근 건축상, 대한민국 건축대상 등을 안겨주었다.

하지만 그의 제주 건물들은 〈방주교회〉와 〈포도호텔〉을 제외하곤 일반인에게 개방되지 않는다. 제주에 이타미 준이 지은 핀크스 뮤지엄(바람, 물, 돌, 두손)은 안덕면에 그가 설계한 고급 휴양주택단지 비오토피아 타운하우스(2008) 내에 있다. 22만 평의 대지에 조성된, 대한민국 상위 0.1%만의 휴양지인 듯한 비오토피아는 회원제로 운영되어 거주민 외에는 철저히 외부인을 통제하는 곳이다.

그곳에 입주한 부자친구를 두지 못했다면 진입하는 방법은 단 한 가지. 핀크스 골프클럽 하우스 내의 레스토랑에서 식사를 하는 것이다. 물론, 예약은 필수다. 이타미 준이 근처에 지은 또 하나의 걸작 포도호텔에 숙박해도 비오토피아 진입이 가능하다.

그리스어로 '하늘의 아름다움' 이라는 핀크스(Pinx). 그 이름에 걸맞은 핀크스 프로젝트는 이타미 준과 제주 자연이 협업한 예술작품이다. 각 미술관은 작품을 담는 하드웨어이자 그 자체가 작품인 소프트웨어의 역할을 겸하고 있다. 꾸민 듯 꾸미지 않고 감추어진 듯 드러난, 제주 오름을 닮은 '감응의 미학' 을 보여준다.

비교적 근래에 조성되어 역사가 짧고 인공적이지만 본래 그곳에 있어온 것처럼 느껴지는 이타미 준의 고요한 유토피아. 섬 속에 있으면서도 또 다른 섬처럼 느껴지는 그곳에 가면, 오래 전 맘속 깊은 곳에 숨겨진 무언가를 발견할 것 같다.

● 바람(風)미술관

바람의 노래를 들어라

11월의 제주는 걷기에 가장 좋은 계절이다. 한여름 작열했던 태양이 멀찌감치 물러난 제주의 대지는 풍요롭다. 하늘과 바다의 경계선은 그 어느 때보다 더 선명하고 검은 돌담 사이로 지중해 석양빛 같은 감귤이 탱글탱글 익어간다. 흑룡만리 돌담을 비집고 들녘에는 억새가 파도처럼 너울거린다. 제주에는 각각 계절을 알리는 전령사 역할을 하는 식물들이 있다. 겨울은 동백, 봄은 유채 그리고 여름은 수국의 계절이다. 가을의 주인공은 단연코 억새다. 특히 늦가을 제주 억새는 은빛 머리카락을 흔들면서 바람을 시각화시킨다. 그날도 그렇게 하염없이 걷고 싶던 늦가을이었다.

물, 바람, 돌, 그리고 두손갤러리가 있는 비오토피아 단지는 가을철 제주의 아름다움을 드러내기에 손색이 없었다. 리조트라고는 하지만 비수기여서인지 관리인 외에는 입주민 한 사람 구경할 수 없던 어느 늦가을, 오후 햇살과 만나 은빛으로 일렁이는 억새 무리 속에서 보일 듯 말 듯 자리 잡은 바람미술관을 찾았다.

바람미술관은 멀리서 얼핏 보면 나무판자로 대충 지은 곡물창고와도 같다. 뭇사람들이 거들떠보지 않을 듯한 단순하고 평범한 외양을 띠고 있다. 하지만 직사각형으로 반듯하게 뻗은 것처럼 보였던 벽면이, 가까이 가보면 한복 저고리 소매처럼 부드러운 곡선으로 이루어져 있다. 뭔가 범상치 않음이 느껴진다.

바람미술관에서 바람을 만나려면 일단 안으로 들어가야 한다. 명색이 미술관이라고 해서 뭔가 채워져 있을 걸로 기대하고 안에 들어갔다가 돌로 만든 양 두 마리와 맞은편에 덩그러니 놓인 돌 하나 외에는 아무 것도 없어 실망하고 나온 관람객도 꽤 있을 것이다. 하지만 이는 아무 것도 느끼지도, 얻지도 못하고 나온 것이다.

우선 내부와 외부를 구분짓는 나무판자는 약간의 간격을 두고 벌어져 있고 그 틈새로 바람과 빛이 통과하게 되어 있다. 건축물의 외부공간과 내부공간이 서로 대응하는 구조가 아닌 혼연일체를 이루는 구조인 것이다. 방 두 개로 나눠진 내부는 각각 돌 하나만 덩그러니 놓여 있고 텅 비어 있다. 빈 공간은 결핍을 야기할 수도 있지만 바람과 빛, 그리고 그림자가 각 시간대별로 형체 없는 것에 실체를 부여하면서 공간의 아우라를 창출한다.

나무판자 틈새로 들어오는 빛이 만들어낸 일정한 간격의 그림자는 질서정연한 기하학적 패턴을 선사하며 공간을 꽉 채운다. 오후의 햇살과 바람이 빚어낸, 비움에서 채움으로 전이되는 공간의 마술이 눈앞에서 펼쳐진다. '비움'과 '채움'이라는 양면성을 띤 건물은 고요 속의 강렬함을 추구한다. 공간을 채우는 건 빛과 그림자만이 아니다. 나무판 틈새로 바람이 머물다 간다. 바람이 강하게 부는 날엔 틈과 틈 사이에서 바람이 들려주는 노래를 들을 수있다. 관람객들은 그냥 거기에 놓여 있는 돌 위에 앉아 명상을 즐기다 돌아가면 된다.

철학적 건축가 프랭크 로이드 라이트는 다음과 같은 말을 남겼다. "모든 위대한 건축가는 필연적으로 위대한 시인일 수밖에 없다. 그는 자신의 시간과 시절 그리고 자신의 시대에 대한 위대한 해설가임이 틀림없다."

바람미술관은 이타미 준의 침묵과 영감이 만난 예술의 성소(聖所)이자 빛과 그림자의 보고(寶庫)다.

그곳은 대기업의 소유도, 타운하우스의 입주자의 것도 아닌, 제주의 빛과 바람 그리고 항구불변한 자연이 주인인 곳이다.

● 물(水)미술관

수면 위에 깃든 신성 (神聖)

바람미술관에서 5분 남짓 걸어가면 물미술관이 나온다. 물미술관은 산방산과 억새밭이 조화를 이루며 자연스레 배치되어 있다. 타원형으로 뚫린 지붕을 지닌 건물 안으로 들어서면 네모난 수조에 담겨 있는 물이 시야에 들어온다. 이곳에서는 물이 주인공이다. 작은 돌을 깔아놓은 연못에는 물소리만 잔잔하게 들려온다. 주변에는 돌 의자가 놓여 있어 관람객들이 앉아 하염없이 진짜 하늘과 물에 투영된 하늘을 번갈아 바라보며 명상하게끔 설계되어 있다. 물미술관의 구조는 하늘은 둥글고 땅은 네모나다는 천원지방(天圓地方)의 원리를 따른 것처럼 보인다. 즉 "자기관리는 네모의 원리에 따라 엄격하고 곧아야 하지만 타인과의 관계는 조화와 원융을 이뤄야 한다"는 음양오행의 원리가 떠오른다. 둥근 천장은 개방되어 있어 제주의 하늘을 담고 있고 네모난 못에 잔잔하게 물이 고여 있을 뿐이다. 이타미 준의 작품들이 대부분 그렇지만 물미술관도 관념적이고 종교적인 요소를 지니고 있다. 고여 있는 물은 그 자체로 캔버스 역할을 하며 타원형의 하늘을 담는다. 물에 투영된 하늘은 건물 내부와 외부의 경계를 허물 뿐 아니라 우리가 다른 방식으로 세상을 볼 수 있게 이끈다. 날씨의 변화에 따라 수면의 빛과 색이 달라지고 구름의 움직임까지 포착해 시지각적 감각을 확장시킨다. 바람이 불어올 때마다 수면 위로 드리워지는 잔잔한 파문은 변화무쌍한 모습으로 현현하는 바람의 존재증명이다. 늘상 봐오던 하늘과 물, 돌이 빚어내는 환영의 장소는 세상 너머에 존재하는 곳처럼 우리의 신체를 바짝 끌어당기면서 완전몰입시킨다.

시간이 멈춘 듯한 이곳에서는 하염없이 물과 하늘을 번갈아 보며 온갖 상상을 하게 된다. 고대 그리스 신들의 목욕탕을 엿보는 것도 같고, 고요한 행성 한가운데 불시착한 것 같은 느낌도 든다. 이것도 저것도 떠오르지 않으면 그냥 돌의자에 앉아 마냥 멍 때리는 시간을 가져도 누가 뭐라고 간섭할 이 없다. 외부인을 철저히 차단한 리조트 측의 배려(?)가 이처럼 사색하기 좋은 최적의 결과를 낳았는지도 모른다. 단순한 재료 몇 가지만으로 최상의 맛을 이끌어내는 요리사처럼 몇 가지 단순한 요소를 끌어들여 주조해낸 이타미 준의 침묵과 빛의 세계는 그저 감탄을 이끌어낸다.

거기 있는 동안은 내가 발딛고 있는 '지금, 여기'는 어디인가라는 물음 따위는 무의미하다. 다만 우주의 원리를 이루고 있는 물과 빛 그리고 돌이라는 재료의 질서, 그 존재의 궤적이 그 자리를 대신하게 된다. 그리고 공간과 재료의 아름다움을 전달하는 영매인 건축가의 정기가 오롯이 느껴질 뿐이다.

● 돌(石)미술관

공생의 흔적

"돌 그 자체,
나무 그 자체,
나아가 장소에 대한 강한 의미작용을 구하고
소재의 독특한 질감을 살려
조합하며 추상화를 거듭할 때
그것은 비로소 성(聖)스러운 것이 된다.
그리고 무(無)에 한없이 가까워질 때
무구(無垢)한 공간이 획득된다." - 이타미 준[13]

돌미술관이라고 해서 돌로만 만들어진 줄 알았다. 하지만 컨테이너 박스 같은 미술관의 성분은 적갈색의 코르텐 스틸 박스였다. 자연과 완벽한 조화를 이루는 듯한 물미술관과 바람미술관에 비하면 돌미술관의 외양은 자연과 대척점을 이루는 듯 인공적인 모양새를 띠고 있다. 거대한 쇠 상자 안에서 돌이 위치한 장소는 뜻밖에도 전시실 바깥이었다. 입방체의 건물 양 쪽에 발코니처럼 공간을 내어 각각 작은 바위 한 쌍이 일광욕하는 고양이마냥 자리잡고 있다. 돌의 이미지를 관객에게 전달할 때 돌을 고유의 언어를

---

13 유이화 엮음 〈돌과 바람의 조형 이타미 준, 손의 흔적〉 미세움, 2015

바람미술관 : 멀리서 얼핏 보면 대충 지은 곡물창고 같지만,
가까이 가보면 부드러운 곡선으로 이루어져 있다. 미술관 내부의 공간을 채우는 건
빛과 그림자, 그리고 나무판 틈새로 머물다 가는 바람이다. (위)

물미술관 : 주변 자연을 끌어안은 건물 자체가 하나의 거대한 미술관이 된다.
고여 있는 물은 캔버스 역할을 하며, 타원형의 하늘을 담는다. (아래)

땅에서 솟아오르는 듯한 모습의 두손미술관 내부. (왼쪽)

돌미술관의 내부 공간. (오른쪽)
벽과 천장 사이의 각도에 의해 하트 모양의 빛이 쏟아져 들어온다.
전반적으로 분위기는 소박하지만 작은 창을 통해 스며드는 자연광은
그 자체로 숭고한 분위기를 자아낸다.

돌미술관 : 주인공인 돌은 전시실 바깥에 있다.
거대한 쇠 상자 양쪽에 발코니처럼 공간을 내어 각각
작은 바위 한 쌍이 일광욕하는 고양이마냥 자리잡고 있다. (아래)

가진 생명체로 표현하려고 애쓴 건축가의 고뇌가 들여다보인다.

어느 방향에서 봐도 각기 다른 모습으로 현현하는 이 건물은 건축이라기보다 건축적 조각이라고 할 정도로 조형미를 간직하고 있다. 사물의 관계를 중요시하는 '모노하'[14] 작가들의 작품세계와 일맥상통하고 철을 재료로 공간과 작품, 관객과의 상호작용하에 전체적 맥락 속에 조각의 의미를 찾고자 했던 리처드 세라 같은 미니멀리즘 조각가의 작품도 연상시킨다. 내부는 모더니즘 건축을 구성하고 있는 최소한의 요소들인 철, 유리 그리고 제주의 돌로 이루어졌고, 캄캄한 상자 속에 3개의 채광창을 내어 전체적인 요소들과 적절하게 안배했다. 전반적으로 분위기는 소박하지만 작은 창을 통해 스며드는 자연광은 그 자체로 숭고한 분위기를 자아낸다. 특히 벽과 천장 사이의 각을 이용해 하트 모양의 빛을 선사하는 원통형 창은 하늘에서 쏟아지는 빛줄기가 바닥에 깔린 돌을 최대한 성스럽게 보이게끔 한다. 제한된 자연광으로 인해 어둠침침한 공간에서 내다보이는 제주풍광은 자연의 생명력과 서정성을 극대화시킨다. 특히 철과 돌이라는 육중하고 인공적인 구조물 속에서 보이는 부드러운 곡선과 색감을 지닌 제주의 자연은 익숙하면서도 낯설게 보인다.

---

14 1960~70년대 일본에서 나타난 미술사조. 모노란 물(物)이란 뜻으로, 물체에 대한 관심에서 비롯되었다. 돌, 나무, 점토, 철판 등의 소재를 자연 그대로 제시하여 사물과 세계를 있는 그대로 바라보고 존재의 근원에 도달하려는 조형의식을 지녔다. 이타미 준이 말년에 제주에서 작업한 건축물들은 모두 모노하의 정신을 공유하고 있다.

이타미 준은 건물을 지을 때 돌을 많이 사용했다. 단순히 건축물 자재로 이용했다기보다는 현대 건축물과 조응하게끔 병치시켜 돌을 하나의 예술작품으로 승화시켰다.

물, 바람, 돌.. 각 미술관에 하나씩 놓인 돌들은 대지의 신에게 경배를 드리고 말 트기를 시도하려는, 일종의 제의적 행위처럼 보인다. 각 미술관들은 조형적 형태를 더욱 돋보이게 해줄 계절이 따로 있는 것 같다. 이를테면 물미술관은 신록이 우거지는 여름에, 바람미술관은 억새 피는 가을에, 돌미술관은 눈 쌓인 겨울에 오면 자주와 백색의 보색대비가 극명하게 어우러지면서 한껏 돋보일 것 같다. 아니, 어느 계절에 가도 돌과 쇠 그리고 한 줌의 구멍을 통해 쏟아지는 빛의 환상적인 공존이 연출될 것이다.

● 두손미술관
손의 기원, 건축가의 염원

이제 네 미술관 중 가장 나중에 지어진, 막내격인 두손미술관으로 가보자. 두 손을 모은 형상 같다고 해서 '두손'으로 이름 지어진 이 미술관은 땅에서 솟아오르는 듯한 외양을 띠고 있다. 건축의 하부는 노출콘크리트지만 뚜껑처럼 보이는 상부 금속지붕과 일정한 간격으로 벌린 지붕 틈새는 유리로 되어 있다. 건축물이 향하는 시선은 종 모양의 산방산이다. 예로부터 명승고적에는 늘 신화가 따라다녔다. 한라산이나 성산일출봉처럼 산방산의 출생비화도 제주의 기원인 설문대할망의 손길로부터 자유로울 수 없었다.

설문대할망은 한라산 꼭대기에 앉아 제주도 앞바다에서 빨래를 할 정도로 거인이었다고 한다. 어느 날 할망이 빨래를 하는데, 산봉우리가 뾰족해 불편해서 손으로 한 줌 떠서 던진 것이 지금의 산방산이 되었다는 전설이 있다. 그런데 재미있는 것은 한라산 분화구의 둘레와 산방산의 둘레가 거의 비슷하다는 점이다.

사실 두손미술관을 처음 봤을 땐 전혀 '두 손'을 모은 형상 같지 않았다. 건축이 기우뚱하게 땅에서 하늘을 향해 솟아나는 모습이어서 어린시절 보던 '마징거Z'나 '그랜다이저' 같은 로봇이 대기하고 있다가 천장이 열리며 솟아오를 것 같은 요새처럼 보였다.

산방산이 태곳적 신화를 머금은 곳이라면, 두손미술관은 많은 이야기를 품은 산방산을 닮으려는 인위적 풍경처럼 보인다. 설문대할망이라는 신의 손길이 빚어낸, 산방산처럼 완벽한 조형이 되고자 자연스레 두 손 모아 신에게 기도하는 건축가의 염원이 담긴 것 같다. 실제로 이타미 준도 "소녀의 옆얼굴과 같은 산방산에 그 구상을 의탁하고" 스케치를 시작했다가 어느 순간 "자연스럽게 두 손 모아 기도하는 손의 형태가 된"[15] 건축을 설계했다고 말했다.

두손미술관이 실제로 두 손처럼 보이는지 아닌지의 여부는 보는 사람 맘인 것 같다. 일단 내부로 진입하면 앞의 세 미술관과는 또

---

15 유이화 엮음, 〈돌과 바람의 조형 이타미 준, 손의 흔적〉 미세움, 2015

다른 특색을 지니고 있다. 세 미술관이 건축이자 미술작품이라면, 두손미술관은 우리가 흔히 알고 있는 미술관의 형태를 지니고 있다. 즉 여러 종류의 미술작품을 골고루 전시할 수 있는 전시공간으로서의 기능을 수행한다. 땅 속에 깊이 묻혀 있는 듯 계단을 타고 계속 내려가면 만나게 되는 전시실에서는 주로 사진전이 열린다. (두손미술관의 전시기획은 한미약품(주) 산하 한미사진미술관이 기획하고 진행하고 있다) 한결같이 전시장을 지키고 있는 상설전시물은 이젠 건축가의 인장과도 같은, 고목과 돌 그리고 지붕에 살짝 틈을 내 건물 내부로 들어오는 빛줄기의 조화로움이다.

2014년, 국립현대미술관에서 이타미 준의 건축세계를 주제로 한 〈바람의 조형〉 전시를 본 적이 있다. 건축가가 아닌 '화가 이타미 준'의 드로잉과 미술작품들이 시기별로 전시되었는데, 무엇보다도 그의 스튜디오를 그대로 옮겨와 재현한 전시실이 가장 인상 깊었다. 그의 성정을 닮아 소박하고 정갈한 공간이었다. 작품 아이디어가 빼곡히 적힌 손때 묻은 수첩과 오래된 책들도 인상적이었다. 비록 육신은 지상에서 사라졌지만 그가 남긴 노트와 드로잉 그리고 자연과 인간을 소통시키려는 그의 철학은 제주에 재현되었다.

가끔 삶의 무게가 버거워지거나 잘 풀리지 않는 현실의 문제로 미래에 대한 막연한 불안감이 엄습해오는 경우가 있다. 그럴 때면 비오토피아 내의 핀크스뮤지엄들을 둘러보며 내면으로 깊이 침잠하고 싶다. 제주의 대자연 속에 묻혀 속세와 봉인된 나만의 독립적인 공간에서 스스로를 고립시키고 싶을 때, 이미 내 마음에 성소(聖所)처럼 자리잡은 물, 돌, 바람, 두손미술관에 머물고 싶다. 제주의 아름다움에 매료되어 동경하다가 어느덧 제주를 닮아갔던 한 건축가와 그의 삶을 떠올리면서.

♥ 핀크스뮤지엄 (水風石미술관) : 서귀포시 안덕면 산록남로 863
방주교회 또는 핀크스골프장으로 진입해야 갈 수 있음 (064.793.6000)

● 방주교회와 포도호텔, 안덕면에 남긴 이타미 준의 또 다른 흔적

핀크스뮤지엄 인근에는 이타미 준의 또 다른 걸작인 방주교회(2009)와 포도호텔(2001)이 있다. 핀크스뮤지엄과는 달리 이 두 곳은 모두에게 열려 있는 공간이다. 방주교회의 외관은 가로로 길쭉한 미니멀한 형태지만 살짝 꺾인 지붕선과 그 위에 얹힌 금속재의 패턴조각이 햇빛에 반짝이며 눈길을 끈다. '노아의 방주' 에서 모티프를 얻은 방주교회는 건물 남쪽에서 보면 큰 배가 물살을 헤치고 돌진하는 역동적인 인상을 준다. 내부 본당은 나무 재질로 되어 있어 분위기는 소박하지만 작은 창틀을 통해 받아들인 정돈된 빛은 숭고함을 풍긴다. 비록 무신론자라도 교회 내부로 들어서면 매무새를 가다듬고 기도드리고 싶게 만드는 위력을 지녔다. 이타미 준 생의 마지막 작품들 중 하나이자 종교건축의 미덕을 모두 갖춘 이곳은 2010년 한국 건축가협회 대상을 받기도 했다.

근처에는 하늘에서 내려다보면 포도형태의 지붕이 돋보이는 '포도호텔'이 들어서 있다. 탐스럽게 영근 포도송이 같은 돔형 지붕은 제주의 상징인 오름 능선이나 전통 초가의 지붕선을 닮아 제주 밭담 형식으로 일군 호텔 조경과도 잘 어우러진다. 26개 밖에 안 되는 객실을 보유한 호텔의 인테리어는 얼핏 보면 일본의 전통 료칸 분위기를 연상시키지만 곳곳에 서까래와 격자무늬 창 등 한국 전통문양이 어우러져 두 문화권의 세련미가 한데 느껴진다. 인공조명을 최대한 자제하고 통유리와 지붕을 통해 자연광을 끌어들인 복도를 따라 가면 하늘을 향해 열린 실내정원 캐스케이드(Cascade)를 만나게 된다. 대체적으로 어두운 공간에서 내다보이는 제주 풍경은 자연의 생명력과 서정성이 극대화되는 효과를 낳으며 객실에는 휴식을 위한 히노끼 욕실도 구비되어 있다.

♥ 방주교회 : 서귀포시 안덕면 산록남로 762번길 113 (064.794.0611)
♥ 포도호텔 : 서귀포시 안덕면 산록남로 863 (064.793.6000)

지니어스
로사이

● 안도 다다오가 제주를 만났을 때

지금으로부터 2,30년 전만 해도 제주를 찾는 관광객들이 반드시 들르는 명소 1번지는 단연코 성산일출봉이었다. 하지만 최근에는 한국인들보다는 중국 단체관광객들이 더 많이 찾는 곳이 되어버렸고, 웬만한 여행사 투어 코스에서도 빠져 있다. 2000년대 중반 이후 성산 쪽에서 가장 인기 있는 관광지는 성산일출봉 바로 밑에 위치한 섭지코지다. 섭지코지는 '좁은 땅' 이란 뜻으로(섭지는 드나드는 목이 좁은 '협지(狹地),' 코지는 '곶' 을 뜻하는 제주 방언이다), 원래 섬이었는데 퇴적으로 연결돼 자루 모양의 곶이 바다를 향해 튀어나온 모습이다. 20여 년 전만 해도 관광객들에게 잘 알려지지 않은 곳이었지만, 이제는 대규모 리조트 시설과 수족관, 체육관, 박물관은 물론 대형주차장 시설까지 완비되어 성산일출봉보다 더 많이 찾는 '핫' 한 관광지가 되어버렸다.

● 섭지코지의 어제와 오늘

원래 섭지코지는 이렇게 관광객들이 북적이고 온갖 건물들이 각축전을 벌이듯 가득 들어선 곳이 아니었다. 섭지코지를 간접적으로나마 처음 보게 된 건 1990년대 초 비디오테이프로 봤던 〈애란〉(1989, 감독 이황림)이란 영화에서였다. 지금은 고인이 된 80년대 미남배우 임성민 씨와 재일교포 출신 배우 김구미자 씨가 주연으로 나온 영화였다. 지금도 왕성하게 활동하는 배우 박영규 씨도 조연으로 나오고 박중훈 씨도 단역으로 우정출연을 했다. 영화평론가 정성일 씨가 시나리오를 썼다는 사실도 흥미로웠다.

일본 감독 오시마 나기사의 〈감각의 제국〉에서 영감을 얻었는지 일제강점기를 배경으로 한 탐미적 에로물이었던 것 같은데, 영화 내용보다는 제주의 원시적인 풍광을 배경으로 한 빼어난 영상미가 더 기억에 남는 작품이었다. 제주 해안가 절벽 위에 일본인 부부가 집을 한 채 짓고 사는데, 쪽빛 바다와 초록 언덕이 빚어내는 원색의 향연과 대자연의 장엄한 풍경이 이채로웠다. 당시 우리나라에도 저렇게 이국적이고 멋진 곳이 있었던가 하고 감탄하며 봤던 기억이 난다.

그곳이 섭지코지란 사실은 한참 후에 알게 되었는데, 기회가 되면 지금과는 사뭇 다른 과거의 섭지코지를 엿보기 위해 다시 한 번 보고픈 영화이기도 하다. 1990년대 초 인기 드라마였던 〈여명의 눈

동자〉 4.3사건 편 마지막 장면에도 섭지코지가 등장했는데, 본격적으로 알려진 것은 2003년 방영했던 드라마 〈올인〉 때문이었다. 드라마 세트장이었던 성당이 유명세를 타고 중국인 관광객들까지 모여들면서 섭지코지가 망가지기 시작했다. 오래 전부터 그곳의 절경을 호젓하게 즐기던 원주민들이 시멘트로 덮인 현재의 모습에 화가 나서 죄다 발길을 끊었다는 얘기도 들려온다. 난개발되기 전 목가적인 풍광을 지니고 있던 섭지코지에 못 가본 것을 차라리 다행으로 여겨야 할까? 하지만 기암괴석이 치솟은 바닷가 절경과 함께 바다 건너 성산일출봉이 보이는 굽이굽이 펼쳐진 언덕의 능선은 우후죽순 들어선 건물들에 기죽지 않고 여전히 아름답다.

섭지코지에는 세계적인 건축가 안도 다다오가 지은 건물이 두 채나 된다. 2008년과 2009년에 각각 지어진 글라스하우스와 지니어스 로사이가 바로 안도 다다오의 작품이다. 섭지코지에서 성산일출봉이 마주 보이는 전망 좋은 언덕 위에 들어선 글라스하우스는 여러 개의 콘크리트 박스를 얼기설기 겹쳐 놓은 형상이다. 주변환경과 어우러지기보다는 마치 섭지코지에 불시착한 UFO처럼 생뚱맞아 보인다. 반면 지니어스 로사이는 땅 밑으로 스며든 건축이다. 정반합의 원리로 두 건물이 일부러 대척점을 이루도록 설계했는지 건축가의 의도는 알 길이 없지만, 개인적으로 글라스하우스 보다는 지니어스 로사이가 안도 다다오가 지닌 건축철학에 더 부합하는 것 같다. 어느새 요란한 관광지로 전락한 섭지코지에 한 줌의 명상의 공간으로 남겨놓은 듯한 지니어스 로사이를 통해 안도 다다오의 건축세계를 들여다보자.

● 건축계의 이단아, 안도 다다오는 누구인가

건축에 문외한이라도 요즘 웬만한 사람들은 안도 다다오라는 이름과 노출콘크리트라는 용어를 한 번씩은 들어봤을 것 같다. 가장 일본적이면서도 세계적인 건축가 중 한 사람인 안도 다다오는 지구촌 곳곳에 자신의 작품을 남겼다. 우리나라에도 언제부터인가 전국 곳곳에 안도 다다오가 설계한 건물들이 하나둘씩 들어섰다. 강원도 원주의 산미술관(구 한솔미술관)과 서울의 재능신사옥 등이 있지만 제주에 지니어스 로사이, 글라스하우스, 본태박물관 등 무려 3채가 몰려 있다는 점이 특이하다.

안도 다다오는 고졸 학력으로 도쿄대학교 건축과 교수는 물론 건축계의 노벨상이라 불리는 프리츠커 건축상(Pritzker, 1995)을 탈 정도로 비약적인 성공을 거둔 입지전적인 인물이다. 1941년 오사카 변두리 결손가정 출신인 그는 17세에 권투선수의 길로 들어섰다가 스무 살에 건축업에 뛰어들었다. 대학에서 '글로 배운' 건축이 아닌 생생한 건설현장에서 몸으로 부대끼며 건축일을 배웠다. 스물네 살 되던 해에는 전 세계를 유랑하며 유명 건축물들을 둘러본다. 이후 독학으로 건축에 대한 모든 것을 익혔다.

수많은 공모전에 낙선을 거듭한 끝에 1970년대 중반부터 자신의 트레이드마트가 된 노출 콘크리트 기법(외장재 없이 건물의 콘크리트벽을 그대로 드러내는 기법)을 선보이기 시작했다. 자연광 효과를 극대화한 실내, 바깥 경치를 건물 안으로 끌어들여 외부와 내부, 자연과 인공의 경계를 허무는 듯한 그의 건축양식은 일본 전통건축이 지닌 요소들을 현대적으로 재해석했다고 평가받았다. 1960년대부터 안도 다다오가 거머쥔 국제적 건축상은 150여 개가 넘는다. 그의 대표작으로 여겨지는 빛의 교회나 베네세 하우스, 지츄 미술관 등은 전 세계 건축학도들이 꼭 견학오는 지상의 교과서처럼 되어버렸다. 이처럼 한 편의 소설 같은 삶의 여정을 훑어보면 왜 그가 연예인급 인기를 누리고 수많은 젊은이들의 멘토가 되었는지 이해가 된다.

웬만해선 한 번에 입에 붙기 어려운 단어로 구성된 지니어스 로사이는 라틴어로 '힘의 근원(Ginius)' 과 땅을 지키는 '수호신(Loci)'을 뜻하는 합성어로, '땅의 수호신' 이라는 뜻을 담고 있다. 제주는 본래 여신의 땅. 생명을 낳고 키우는 포용력과 조화로운 삶의 근원으로서 대지는 어머니를 표상한다. 제주는 설문대할망의 손으로 빚어지고 또 할망이 죽솥에 빠져 죽음으로 인해 다시 땅으로 되돌아갔으니 이름 자체에 제주 탄생신화의 원형이 엿보인다.

지니어스 로사이는 땅 속으로 푹 내려앉은 구조로 되어 있다. "위대한 건물은 예측할 수 없는 것으로 시작되어야 한다" 는 말도 있지만 돌담으로 둘러싸인 건물 밖에서는 전혀 내부를 짐작할 수 없다. 일단 입장표를 끊고 담장 안으로 들어가면 돌무더기로 조성된 인공정원이 나온다. 미술관으로 진입하기 전 4개의 주제로 조성된 정원을 지나게 되어 있는데, 제주 중산간 지대를 표현한 듯 전혀 다듬어지지 않은 돌의 거친 질감과 원색의 식물들이 조화를 이루며 서로를 돋보이게 한다. 거대한 콘크리트 덩어리로 이루어져 있어 겉에서는 차갑고 무뚝뚝해 보였는데 안에서는 오히려 다정다감한 느낌이 드는 건 아마도 정원을 품고 있기 때문일 것이다.

인공정원을 지나 서로 마주보는 낙수반 사이를 걸어 들어가면 안도 특유의 지평선 아래로 푹 꺼지는 듯한 명상공간이 펼쳐진다. 모든 것들이 떠들썩하고 서로 눈에 띄려고 안간힘을 쓰는 듯한 섭지코지의 다른 건물들과는 확실히 선을 긋는다. 건물 안에서는 전체 규모나 형태를 알 길이 없고 그저 육중한 노출콘크리트 덩어리와 제주의 돌이 동선을 따라 나란히 마주보며 펼쳐진다. 나중에 부감으로 찍은 사진을 보니 정방형의 노출콘크리트를 제주의 돌들이 감싸고 있는 형태였다. 이를 통해 건축가는 자신의 트레이드마크인 노출콘크리트와 제주의 돌을 적절한 비율로 융합해 건축과 대지의 관계를 잇는 영매노릇을 하는 것 같다.

단순한 기하학적 공간은 복잡하게 꺾인 동선으로 인해 관람객들로 하여금 마치 수행의 길을 걷는 듯한 느낌이 들게 한다. 노출콘크리트와 제주의 돌이라는 흑백 대비를 이루는 두 재질의 틈새에서 빛과 어둠을 느끼게끔 과감하게 폐쇄시킨 공간은 관람객들을 사유와 명상으로 이끈다. 봉개동에 위치한 4.3평화공원 추모공간을 이런 식으로 설계했었더라면 하는 생각이 고개를 들었다.

두 가지 재질로 이루어진 돌벽으로 막힌 담벼락 같은 공간에서 '동선꺾기'를 반복하다 보면 극적인 공간에 맞닥뜨리게 된다. 가로로 길쭉한 좁은 콘크리트 프레임을 통해 성산일출봉과 일렁이는 제주 동쪽 바다가 눈앞에 펼쳐지는 것이다. 이를 '빌려서 쓰는 풍경'이란 뜻으로 '차경(借景)'이라고 한다. 성산일출봉과 마주하고 있는 지니어스 로사이의 창을 연상시키는 화면구성을 통해 자연과 마주하는 건축의 외부와 내부가 하나의 세계처럼 연결되는 시공간을 구성한다. 이 건물에 가미해야 할 장식적인 요소는 바로 외부에서 끌어온 제주의 바람과 하늘 그리고 바다임을 건축가 자신이 잘 알고 있었던 듯하다.

좁은 골목길 같은 공간을 돌고 돌아 지하공간인 전시장 내부로 들어오게 되면 본격적인 명상의 공간으로 진입했음을 느끼게 된다. 십자형 복도공간은 관람 경로에 따라 다양한 공간의 경험을 제공하는데, 긴 동선을 통해 겨우 실체를 알게 된 이 건물이 무엇을 위해 지어졌는지 알게 되는 순간이다. 이 지하 전시공간은 문경원 작가의 명상적인 비디오아트로 꾸며져 있는데, 개별적으로 조성된 세 곳의 공간에 각자 다른 분위기의 미디어아트 전시로 변화를 주고 있다. 나무가 잎을 틔우고 떨어뜨리는 장면이 무한반복되는

〈Diary〉와 바닥에 비친 어제의 하늘 영상으로 구성된 〈어제의 하늘〉 그리고 벽에 비친 동시간대의 일출봉 전경을 보여주는 〈오늘의 풍경〉이 관람객을 맞이하고 있다.

지니어스 로사이가 아름다운 것은 자연의 재료를 있는 그대로 존중하는 방식에서 온다. 제주의 돌, 노출콘크리트, 빛 그리고 식물들이 빚어낸 조합은 본연의 상태 그대로 방문객들에게 말을 걸고 있기 때문일 것이다.

♥ 지니어스 로사이 : 서귀포시 성산읍 고성리 127-2 (064.731.7791)
♥ 관람시간 : 09:00~18:00 (여름시즌 09:00~19:00)
♥ 관람료 : 중학생 이상 4000원, 소인 / 노인 / 장애인 / 국가유공자 2000원,
7세 미만 유아 / 회원은 무료
♥ 홈페이지 http://www.phoenixisland.co.kr

● **글라스하우스, 섭지코지의 새로운 풍경 혹은 불청객**

지니어스 로사이 맞은편에는 안도 다다오의 또 다른 작품인 글라스하우스가 자리잡고 있다. 비록 시멘트를 주재료로 사용했지만 지니어스 로사이가 자연을 훼손하지 않고 주변 풍광에 스미는 듯한 명상공간을 이끌어낸 예술작품이라고 한다면, 글라스하우스는 그와 사뭇 대조적이다. 콘크리트와 유리로 만든 상자나 컨테이너 박스를 포개놓은 듯한 모습의 상업적인 용도의 공간이다.

섭지코지에서 가장 전망 좋은 바람의 언덕에 위치한 글라스하우스는 언덕 위에 돌출된 모습을 하고 있다.

지니어스 로사이 진입로 (위)
'차경'의 원리를 이용한 프레임 (아래)

1. 피라미드 모양의 아고라
2. 아고라 내부 천장 중심에 달린
안종연 작가의 〈광풍제월〉
3. 안도 다다오의 글라스하우스

예전엔 많은 사람들이 아무 대가도 없이 눈이 시리도록 감상했던 매력적인 공간이었는데 이제는 저 멀리 성산일출봉을 바라보는 데 걸림돌이 하나 생긴 셈이다. 글라스하우스를 바라본 순간 안도 다다오를 현대건축의 대가로 마냥 칭송만 할 수 없겠다는 생각이 든 건 나 한 사람일까?

하나 좋은 점을 들자면 성산포에서 밀려드는 세찬 바람을 맞지 않고 내부의 레스토랑에서 차를 마시거나 식사를 하며 통유리를 통해 아늑하고 편안하게 성산일출봉과 섭지의 풍광을 바라볼 수 있다는 것과 우도를 한눈에 조망할 수 있다는 점이다. 비록 내부의 유리 프레임에 의해 풍경이 조각조각 분할되지만. 글라스하우스에는 '지포(Zippo) 라이터'를 테마로 한 뮤지엄도 있다.

● **아고라, 달을 품은 피라밋**

섭지코지에는 윗 부분이 잘려나간 듯한 피라미드 같은 철골과 유리로 된 조형물이 있다. 스위스출신 건축가 마리오 보타가 설계한 별장단지 '힐리우스'의 입주민을 위한 클럽하우스 '아고라(Agora)'인데, 이 역시 마리오 보타의 작품이다. 그는 샌프란시스코 현대미술관(1989), 강남 교보문고(2003)와 삼성미술관 리움(2003)을 설계한 세계적인 건축가다. 아고라 내에는 풀장과 피트니스센터 등이 마련되어 있고 피라미드 천장에는 7m 지름의 스테인리스 구가 설치되어 있는데 설치미술가 안종연의 〈광풍제월〉이라는 제목의 작품이다. '비 갠 뒤의 달' 이란 뜻으로, 낮에는 햇빛 때문에 잘 안 보이지만 밤에 조명을 켜면 유리 피라미드가 보름달을 품은 형상이라 그런 이름을 붙인 것 같다.

마리오 보타가 직접 이름지었다는 '아고라' 는 고대 아테네 시민들이 서로 만나 정치를 논하고 논쟁을 벌이던 열린 광장을 뜻한다. 하지만 비싼 회원권을 구매하고 온 소수의 입주자만을 위한 곳이라 일반인들의 접근이 허락되지 않은 점이 역설적으로 느껴진다. 다만 휘닉스아일랜드 투숙객은 건축문화투어(1인당 15,000원)에 참여할 수 있는데 도슨트의 설명과 함께 지니어스 로사이, 글라스하우스, 아고라 등 섭지코지에 지어진 건물들을 견학하며 설명을 들을 수 있다.

본태
박물관

● 풍경을 닮고 싶은 건축

찾아가기는 어렵지 않지만 언제나 날씨가 문제였다. 서귀포 시가
지를 지날 때만 해도 맑고 쨍쨍했던 날씨가 본태박물관이 자리잡
은 안덕면에만 들어서면 세찬 돌풍이 불거나 눈보라가 휘몰아치
기 일쑤였다. 언제든지 놀러오라고 초대해놓고선 막상 찾아가면
문전박대하는 얄미운 친구처럼 본태뮤지엄은 늘 내겐 불친절했
다. 기왕 뮤지엄 지을 거면 도심 한복판에 지을 것이지 이렇게 중
산간 골짜기에 미술관을 지어놓고 초대하냐고 투정부리고 싶은
심정도 든다. 게다가 입장료가 성인기준 16,000원이나 되다니..
하지만 본태박물관이 자리잡은 서귀포 안덕면은 방주교회, 포도
호텔, 핀크스뮤지엄 등 이타미 준의 말기 결작품들이 이웃처럼 자
리잡고 있는 곳이다. 따라서 이타미 준의 건축물과 안도 다다오의
본태박물관을 한곳에서 감상할 수 있다는 점에서 안덕면은 건축

매니아들의 성지순례 코스와 같은 곳일지도 모른다.

핀크스뮤지엄들이 건물 자체가 건축이자 미술품이라면, 본태박물관은 내부에 소장품들을 가득 품고 있는, 전통적인 의미의 뮤지엄에 가깝다. 삼국시대부터 조선시대에 이르기까지의 전통 유물과 백남준, 피카소, 쿠사마 야요이, 최정화 등 세계적인 작가들의 현대미술을 한곳에서 볼 수 있는 곳이 제주에서 또 어디 있을까? 건물 모양은 밖에서 볼 때는 별다른 특징 없이 단조로운 것 같지만 그 안에는 무수히 많은 공간들이 대비되어 있고, 휘어지고 꺾어지면서 자리잡고 있다. 복잡다단한 미로와 같은 공간구성은 안도 다다오 건물에서 반복적으로 등장하는 특징이다. 이로 인해 방문객들에게 많은 이야기를 건네고 있다. 관람 후에는 뮤지엄 앞에 조성된 반사연못에서 풍경도 즐기면서 차 한잔 마시며 노닐다 가도 좋을 것이다. 물론 날씨가 좋은 날에 한해서.

● 노출콘크리트, 한국 전통 건축요소와 만나다
안도 다다오의 새로운 실험

본태박물관은 안도 다다오의 트레이드 마크인 노출콘크리트 공법에 한국의 전통적인 건축요소를 접목한 새로운 뮤지엄이다. 대부분 한자식 이름을 지닌 뮤지엄들은 창립자나 작가의 호에서 나온 것이지만 본태박물관은 "본래의 형태"라는 뜻을 지니고 있다.

"인류 본연의 아름다움을 탐구" 하고 "세계의 다양한 미술과 문화가 한국의 문화와 함께 어우러져 또 하나의 새로운 문화로 융합되는 열린 공간" 을 지향한다는 취지로 2012년 해발 550m 핀크스 골프클럽 내에 조성되었다. 건물은 크게 두 개의 'ㄴ' 자 형을 나란히 배치하면서 제1전시관과 제2전시관인 현대뮤지엄과 제3, 제4 전시관을 각각 별동으로 배치했다. 밖에서 보면 단순한 네모상자처럼 보이지만 건물 중앙에 반사연못과 전통 돌담 등을 도입해 지루하지 않은 공간을 연출한다. 본태박물관도 섭지코지에 지어진 지니어스 로사이처럼 관람을 위해서는 외부공간의 이동통로를 거쳐야 하는데 다른 미술관보다 물리적 움직임이 더 많이 가세한다. 각 전시장으로 향하는 곳곳에 지니어스 로사이에서처럼 자연환경을 공간 내부로 끌어들이려는 시도가 엿보인다.

안도 다다오의 다른 건축물과 마찬가지로 박물관 전체를 다 훑어보려면 몇 번의 좌우 회전을 반복해야 한다. 관객들이 적잖은 시간 동안 건축물 주위를 배회하며 자연스레 건축물과 밀착되어 말트기를 하며 친숙해지는 효과를 노렸을 것이다. 하지만 제주 중산간 지역의 매서운 바람이나 눈보라를 맞으면 1분도 버티기 힘들어 이런 효과를 느끼기 위해서는 적잖은 인내심이 필요하다.

노출 콘트리트, 얕고 잔잔한 연못, 미로처럼 연결된 복도를 따라가면 펼쳐지는 드라마틱한 공간 등 이젠 익숙해진 안도 다다오 건축물의 특성을 모두 갖췄다. 거기에 꽃담장과 같은 한국적인 테마를 추가했다는 점이 기존 건물과 크게 차별화된다고 할 수 있다.

박물관은 크게 전통민예품을 전시한 제1전시관, 현대미술품 위주의 제2전시관, 쿠사마 야요이의 작품만 전시한 제3전시관 그리고 한국의 상여문화를 전시한 제4전시관으로 구성되어 있는데, 팸플릿에 소개된 동선은 4관부터 3관, 2관, 1관으로 이어지는 순이다.

입장권을 사기 위해 건물과 따로 떨어진 기념품샵에 들러야 하는 것도 본태박물관의 특징이다.

우선 본 건물과 떨어져 있는 4관을 찾아가면 우리나라 전통 상례문화를 엿볼 수 있는 〈피안으로 가는 길의 동반자 꽃상여와 꼭두의 미학〉을 만나게 된다. 미술관 설립자인 이행자(故 정몽우 현대알루미늄 회장 부인) 여사의 소장품들로 꾸며진 이곳은 다른 곳에서는 좀처럼 만나기 힘든 조선시대 상여와 꼭두 등 430여 점의 상례 유품으로 꾸며져 있다. 죽음의 이미지와는 다르게 알록달록한 원색으로 칠해져 상여를 장식하는 꼭두와 설치미술을 연상케 하는 상례유품들을 보면 내세에서 더 나은 삶과 평화를 꿈꿨던 조상들의 관념을 엿볼 수 있다.

● 쿠사마 야요이부터 백남준까지

현대미술의 대가들을 한눈에

가장 작은 규모의 제3전시관에서는 편집적 강박증을 예술로 승화

1. 조선시대 상여와 꼭두를 전시한 제4전시
2. 쿠사마 야요이의 작품을 전시한 제3전시
3. 쿠사마 야요이의 트레이드마크 격인 거대호박 〈Pumpkin
4. 쿠사마 야요이의 설치작품 〈무한거울방 - 영혼의 반짝임

1. 현대미술품을 전시한 제2전시관, 로버트 인디애나의 〈Love〉
2. 제2전시관, 백남준의 〈TV 첼로〉
3. 전통민예품을 전시한 제1전시관
4. 데이비드 걸스타인의 〈Euphoria (행복감, 희열)〉가 전시된 야외조각공원

시킨 현대미술의 거장, 쿠사마 야요이의 상설전을 볼 수 있다. 우선 방으로 들어가면 쿠사마 야요이의 트레이드마크 격인 거대 호박 조형물인 〈Pumpkin〉을 만날 수 있다.

쿠사마 야요이는 끊임없이 반복되는 화려한 물방울 무늬를 통해 독특한 자기만의 예술세계를 구축했다. 그의 예술의 매력은 어린 시절 학대로 인한 트라우마를 대담한 시각적 풍요로움으로 전환시킨 긍정적인 에너지에 있다. 일본의 예술섬 나오시마의 랜드마크로 유명해진 쿠사마 야요이의 물방울 무늬 호박은 국내에서는 본태박물관 말고도 국립현대미술관 과천관 야외전시장에서도 만날 수 있다. 하지만 같은 호박이라도 탁 트인 야외가 아닌 전시장에 갇혀 있는 형국이라 조금 답답해 보였다. 나오시마에서처럼 바다를 배경으로 설치하진 못하더라도 박물관 전면의 인공호수 근처에 가져다 놓으면 작품이 더 돋보일 것 같다.

이제는 너무 잘 알려진 호박 이미지가 식상하다고 느껴질 무렵 두 평 남짓한 공간에 영구설치된 〈무한거울방 - 영혼의 반짝임〉(2008)에 들어갈 것을 권한다. 방문을 열고 들어가면 1초 단위로 바뀌는 형형색색 불빛과 거울에 반사된 관람객의 반사를 통한 무한증식과 반복 덕분에 4차원 세계에 진입한 듯한 신비로운 체험을 할 수 있다. 박물관에서 6억 원에 구입한 이 작품은 이 작품 하나를 보기 위해 본태박물관을 찾는 관람객이 있을 정도로 인기를 끌고 있다. 이제 주전시실인 제2전시관으로 진입할 차례다. 규모가 가장 크고

박물관 설립자의 컬렉션 취향을 엿볼 수 있는 제2전시관은 신발을
벗고 들어가야 하는데 미술품 수집가인 부자친구 집에 놀러온 기
분이 든다. 전시실 내부에 들어오니 커다란 통유리 너머로 자연광
이 내부로 스며들어 오면서 정원풍경과 꽃담장이 펼쳐진다.

입구에 들어서자마자 맞닥뜨리게 되는 세계적인 예술가 이불과
최정화의 설치작품에 이어 로버트 인디애너, 백남준 등 현대미술
거장들의 작품 외에 근대가구 조각 등 민예품들도 볼 수 있다.

제1전시관으로 이동하려면 낙수면을 건너야 한다. 물을 오브제
로 하는 기법은 안도 다다오 건축에서 친숙하게 볼 수 있는 경관이
다. 이곳에서도 길게 늘인 동선을 따라 걸어가야 하는데 꽃담장과
노출콘크리트와 그 사이에 고인 물이 적절한 조화를 이룬다. 편리
함으로 인해 근대건축이 잃어버린 자연과 인간의 교감 그리고 인
간 신체의 움직임을 건축가가 다시 복원한 느낌이다. 이는 안도
다다오의 건축철학의 핵심을 이루는 요소 중 하나다.

근대건축을 기능주의적 측면에서만 보면, 쓸데없는 곳이 없는 공간
이 요구되어 동선은 될수록 짧아지며 연속성이 불가결해진다. 주거
란 쓸데없는 공간이 있어야 정신적 안락을 얻을 수 있고, 흐르는 듯
한 동선이 분단되어 이물(異物)이 비집고 들어가거나 공백이 있어야
자극이 생긴다. 이 이물이 때로는 자연일 수도, 막다른 곳일 수도 있
는데 얼핏 단순한 기하학적 형태의 건축에 미로성이 높은 공간을 깃

들게 하기 위해서라도 동선의 불연속성을 두려워하지 않고 공간을 구성해야 했다. 공간이 생명을 가지고 증식해나갈 가능성도 이미지로서 전하고 싶었던 것이다.

-《안도 다다오: 안도 다다오가 말하는 집의 의미와 설계》 미메시스, 2011

제1전시관에는 이행자 여사가 30년간 수집한 전통 장신구와 소반, 보자기 등 각종 민속공예품들로 구성되어 있다. 특히 복층으로 트인 2층 높이의 벽면도 그대로 갤러리 공간이 되었는데, 다양한 한국 소반과 조각보들이 전시되어 있다.

마당에는 전통 석물들이 전시되어 있다. 콘크리트와 물과 한옥 담장이 한데 어우러지는 건물 조경은 한국적 소재와 일본 정원의 감각이 어우러져 한일 두 나라 문화권의 융합을 엿볼 수 있다.

호반으로 이루어진 조각정원에서는 데이비드 걸스타인, 하우메 플렌사, 로트로 클랭 - 모케의 작품들을 만날 수 있다.

자연스레 이어지는 건물 옥외공간에서는 다육이 식물들이 조각보처럼 형형색색 정원을 이루고 있다. 날씨가 좋으면 저 멀리 산방산과 제주 앞바다 절경이 한눈에 펼쳐진다.

2014년 9월에는 본태박물관 서울분관도 개관했다.

♥ 본태박물관 : 서귀포시 안덕면 상천리 380 (064.792.8108)
♥ 관람시간 : 10:00~18:00 (성수기 7,8월에는 10:00~20:00), 연중무휴
♥ 관람료 : 성인 16000원, 청소년 11000원, 만 36개월~초등생 / 만 65세 이상 10000원
(이는 일반 기준이며, 도민 및 장애인/국가유공자, 20인 이상 단체관람은 별도금액 적용)

제주
오설록
티뮤지엄

● 거친 돌밭에 피어난 녹색물결

우리나라의 차 문화는 언제부터 시작되었을까? 기록에 따르면, 차는 7세기 선덕여왕때 중국 송나라에서 전래된 것으로 추정되고 있다(삼국사기). 불교와 차 문화는 밀접한 관계를 맺고 있는데, 신라와 고려때 융성했던 차 문화가 불교를 억압한 조선시대로 접어들며 거의 맥이 끊긴 건 이런 이유에서였다고 할 수 있다. 차는 그저 배앓이를 할 때 먹는 상비약이었을 뿐 기호식품이 아니었다. 세종실록에 따르면, 세종대왕이 "우리나라 궐내에서도 차를 쓰지 않는다"고 말씀하셨을 정도로 조선시대에는 차 문화가 거의 사라졌다. 요즘 조선 전기를 배경으로 한 TV사극이나 영화에서 사대부들이 담소를 나누며 차 마시는 장면이 자주 등장하는데 이는 잘못된 고증이라고 봐야 할 것 같다.

우리의 차 문화가 다시 부활한 것은 18세기에 이르러서였다.

고창 선운사 차밭의 존재와 차 만드는 법에 관한 기록이 《부풍향차보》라는 문헌에 남아 있고, 진도로 귀양온 이덕리라는 사람이 차에 관한 책 《동다기(東茶記)》를 지었다고 한다.

● 잃어버린 차 문화의 기억을 찾아서

이후 차 문화를 다시 활짝 꽃피운 이는 다산 정약용이다. 1801년 천주교 박해사건인 신유사옥으로 인해 전남 강진에서 11년 가까이 유배생활을 하던 중, 다산은 강진 여러 지역에 야생 차 나무가 지천에 널려있음을 발견했다. 귀양 오기 전 이미 차에 대한 식견이 높았던 그는 이를 보고 백련사 승려들에게 차 만드는 법을 가르쳐 주었다고 한다. 다산은 이후 자신이 기거했던 집을 '다산초당'이라 이름 붙이고 이곳에서 차를 자급자족하며 즐겨 마셨다.

'다산(茶山)'은 초당 뒤에 위치한 만덕산에서 차가 많이 나 불리던 이름이었는데, 정약용이 이를 자신의 호로 삼은 것이다. 다산이 강진에서 후학을 가르치며 《목민심서》 《경세유표》 등 500여 편의 주옥같은 명저를 남길 수 있었던 것은 차와 함께 심신을 다스리며 건강을 유지할 수 있었기 때문일 것이다.

조선 후기 차를 사랑한 선비로 추사 김정희도 빼놓을 수 없다. 그는 24세에 아버지를 따라 연행(燕行)[16]에 참여하면서 중국의 명차들을 두루 맛보아 차에 대한 조예가 깊었다. 추사는 제주도에 유배 가서도 차 애호증을 끊을 수 없었다. 유배시절 돈독한 우정을 나누었던 초의선사에게 보낸 수십 통의 편지에 담긴 내용의 대부분은 차 이야기였다. 그는 차가 떨어지기 무섭게 초의선사에게 차를 보내달라고 편지를 보냈는데, 그 내용이 거의 반 협박 수준일 정도로 독촉이 심했다. 사실 초의선사의 차 만드는 솜씨는 다산으로부터 이어 내려온 것이다. 초의는 1809년 24세에 처음 다산초당을 찾은 이후 정약용과 교류하면서 학문은 물론 차 만드는 법도 배웠다. 이렇게 조선 후기 다산 - 초의 - 추사로 이어져 내려온 차에 대한 열풍은 이들이 차례로 세상을 떠나자 금세 가라앉고 말았다. 차가 다시 일반인들에게 관심사로 떠오르게 된 것은 일제강점기에 일본차와 일본식 다도가 들어오면서부터였다. 하지만 일제의 수탈과 한국전쟁으로 인해 다시 차 문화는 피폐해졌다.

추사는 다산처럼 유배지에서 차를 직접 재배하지는 않았지만 제주가 차 재배에 적합한 기후조건이라는 사실을 만일 알았더라면 차밭을 조성했을지도 모르겠다. 절해고도에서 차를 구하지 못해 발만 동동 구르던 추사의 한을 풀어주듯 대정읍 추사유배지에서 가까운 곳에 오설록 제주다원과 오설록 티뮤지엄이 있다. 마침 추사유배지에서 수월이못, 제주옹기박물관, 곶자왈 지대, 오설록 녹차밭로 이어지는 8km '인연의 길' 이라 불리는 추사유배길 2코스

---

16 조선시대에 외교사절로 중국에 다녀오는 것을 말한다. 청나라때 북경을 연경(燕京)이라 부른 데서 유래되었다.

끝자락에서 차밭이 펼쳐진다. 제주는 이제 곳곳에 녹차다원이 생기면서 녹차 재배지로 주목받고 있다. 이곳 말고도 서귀포 앞바다가 보이는 한라산 자락의 도순다원에도 8만여 평 차밭이 펼쳐진다. 유명관광지 분위기가 아닌 좀 더 한적한 다원을 원한다면 도순다원을 추천한다. 녹차 수확이 한창인 5월에 제주의 다원들을 찾으면 제주 녹차와 함께 더욱 향기로운 여행길이 될 것 같다.

● 1979년, 제주 차 문화의 원년

"왜 우리나라에서 음다(飮茶)문화가 사라졌을까?"
아모레퍼시픽의 중점사업 중 하나인 차(茶)는 1970년대 서성환 회장의 이러한 의문에서 시작되었다. 아직 먹고 살기도 힘들어 아무도 우리 차에 관심도 없었고 맛도 몰랐던 1970년대. 그때만 해도 '차'라고 하면 다방에서 마시는 커피나 쌍화차 정도를 연상했을 뿐, 일반인들에게 우리의 전통 차 문화라는 것은 기억 속에 아득히 사라져버린 전설과도 같았다. 서 회장은 우리 차 보급을 위해 차 재배에 적합한 지역을 물색했다.

마침 제주 한라산 남서쪽 중턱이 까다로운 녹차 재배에 최적지임을 알게 되고 녹차 재배의 머나먼 여정이 시작되었다. 아무 것도 없는 돌밭뿐이었던 황무지를 개간해 24만평의 다원을 만들었다. 차 재배에 성공한 이후 2001년에는 너른 차밭에 국내 최대 규모의

녹차박물관인 오설록 티뮤지엄을 세웠다.

오설록이란 이름은 origin of Sulloc, 즉 설록차의 기원이란 뜻을 담고 있다. 전통 차 문화를 계승, 보급하고 차의 역사와 문화를 체험할 수 있게끔 만들어졌다.

이곳은 이제 국내 관광객들은 물론 파란눈의 외국인들과 차 문화의 종주국인 중국의 여행객들까지 붐빌 정도로 제주 대표 관광지가 되었다. 몰려드는 관광객들의 성원에 힘입어 복합 차 문화 체험공간인 '오설록 티스톤'을 지었고 삼국시대, 조선, 근현대까지 시대별 차 문화에 관한 문헌자료를 집대성한 도서《한국의 차 문화 천년》도 발간했다.

오설록 티뮤지엄이 있는 서광다원은 유독 안개가 많이 끼는 곳이다. 세계적으로 유명한 차 산지는 대개 안개가 많이 끼는 곳인데 수확 시 자연스럽게 햇빛을 가려 고품질의 차를 수확할 수 있기 때문이라고 한다.

남송이오름에서 이어 내려온 초록빛 기운이 서광다원에 다다르면 드넓은 녹색 융단이 펼쳐진 것처럼 녹차밭이 끊임없이 이어진다. 제주는 물론 전국에서 이처럼 매끈한 초록바다를 보기란 드물기 때문에 비현실적인 풍경처럼 느껴진다. 초록으로 물든 녹음 가득한 드넓은 녹차밭은 5월부터 여름까지 절정을 이룬다.

오설록 다원이 생긴 지 얼마 안 되어 잘 알려지지 않았을 때는 이국적인 풍광에 한적한 차밭을 느긋이 거닐며 자연과 하나되는 완벽한 즐거움을 만끽했다. 하지만 거의 10여 년 만에 다시 찾은 녹차밭은 예전의 정갈하고 한적한 분위기는 온데간데없이 한겨울임에도 전 세계 관광객들이 몰려드는 '핫' 한 관광지로 변모해 있어 제주에서 가장 많은 인파가 붐비는 곳 중 하나가 되어 있었다.

예전엔 드넓게만 보였던 녹차밭도 이제는 관광객들이 단체로 몰려와 사진찍기에 열중하는 바람에 신비로운 정취는 사라져버렸다. 내부 전시실은 차의 역사와 우리나라 삼국시대에서 조선시대에 이르는 다구들이 전시된 '차 문화실' 과 일본 중국 유럽의 아름다운 찻잔 등을 구경할 수 있는 '세계의 찻잔' 으로 구성되어 있다. 겨울이라 그런지 박물관 내에는 실외보다 사람들의 밀도가 더욱 높아 예전처럼 찬찬히 다구를 구경할 여유도 없어졌다. "오설록 티뮤지엄을 통해 우리는 '차(茶)' 라는 순수 자연식물을 마시는 일상 속에서 여유를 찾는, '느림의 철학' 을 통해 몸과 마음을 치유해온 선조들의 지혜를 다시 한 번 엿보게 된다" 는 뮤지엄의 취지는 몰려드는 관광인파에 무용지물이 된 것 같다. 그래도 전통 녹차와 녹차 아이스크림, 케이크 등으로 눈과 입을 즐겁게 한 뒤 3층 옥상 전망대에 오르면 너른 녹색의 물결이 한눈에 들어와 다소 숨통이 트이면서 이곳에 온 보람을 느낄 수 있다.

언제부터인가 서광다원에 보일 듯 보이지 않는 예쁜 집이 생겼다. '이니스프리' 라고 불리는 그 집은 건축가 조민석이 설계한 자연친화적인 공간이다. 녹차밭 방문객들을 위한 휴식공간으로 지어졌는데 점차 밀려드는 관광객들로 인해 오설록 티뮤지엄에 딸린 티하우스 공간이 포화상태에 이르자 이용객들을 분산시키기 위한 자구책도 있는 것 같다. 이곳에서는 차를 비롯해 제주 식재료로 만든 다양한 음식을 맛볼 수 있는 동시에 아모레퍼시픽에서 생산한 화장품들도 팔고 있다.

무언가에 홀린 듯 화장품 구매를 위해 긴 줄을 서가며 아낌없이 지갑을 여는 중국인 관광객들을 보고 있노라면 정작 한류로 돈을 버는 건 연예기획사가 아니라 아모레퍼시픽 같은 화장품회사가 아닐까 하는 생각이 절로 든다. 한류 열풍과 함께 한국산 화장품이 중국에서 폭발적인 인기를 얻고 있고, 한국을 찾은 중국 관광객과 중국 현지에서 한국 화장품 매출이 크게 늘어났다는 뉴스를 이곳에서 실감할 수 있었다.

이니스프리 제주하우스로 가는 길 중간에 윤기가 좌르르 흐르는 검은색 건물이 하나 눈에 들어온다. 이니스프리와 마찬가지로 조민석이 설계한 '티스톤' 이라는 이름의 이 건물은 추사 김정희가 수천 자루의 붓이 닳고 수십 개의 벼루에 구멍을 낸 뒤 추사체를 완성했다고 하는 이야기를 건물에 담았다고 한다. 추사가 사용한 벼루에서 모티프를 얻은 건물은 그 자체로 거대한 벼루같다. 이곳에서는 하루에 다섯 번 50분짜리 티클래스 프로그램이 열린다. 하지만 미리 인터넷으로 예약을 하고 오지 않으면 입장이 허락되지

이근세의 〈무위지향마〉, 2014년 서광다원에서 펼쳐진
APMAP의 공공미술 프로젝트에서 선보였던 작품이다.

1. 차 문화 체험공간인 티스톤에서는 다도를 체험할 수 있다.
2. 오설록 티뮤지엄 내에 전시된 다구들
3. 티뮤지엄 내부 전시실

않는다. 내부에서 티 마스터의 안내를 받으며 제주 도예작가들의 작품으로 만든 다기에 오설록 차밭에서 생산한 차를 마시며 차에 관한 흥미로운 이야기를 들을 수 있다고 하니 참 매력적인 공간이 아닐 수 없다.

● 녹차밭을 메운 현대미술의 물결들
APMAP공공미술 프로젝트

2014년 이곳 녹차밭에서 매력적인 프로젝트가 펼쳐졌다. 자체적으로 미술관과 박물관을 보유하고 있는 아모레퍼시픽은 젊은 작가들의 작품을 지속적으로 컬렉션해왔다. 아모레퍼시픽미술관은 2013년부터 전국을 순회하며 공공미술 프로젝트인 APMAP(AmorePacific Museum of Art Project, 에이피맵)을 시작했다. 주목받는 국내 젊은 작가들을 발굴해 현대미술의 대중화와 발전을 위해 기획된 프로그램이다. APMAP은 매년 장소, 주제, 참여작가를 새롭게 선정해 전개되고 있는데 2013년 아모레퍼시픽 뷰티사업장(경기도 오산)을 시작으로, 2014년 제주 서광다원에 이어 2015년에는 연구소 정원(아모레퍼시픽 R&D센터, 경기도 용인), 2016년 서울 용산가족공원으로 이어지면서 릴레이 형태로 진행되고 있다. 당시 제주에서는 '비트원 웨이브즈(BETWEEN WAVES)' 라는 주제어로 15팀이 현대미술가 및 건축가들이 서광다원을 비롯해 오설록 티뮤지엄, 티스톤, 이니스프리 등지에 설치미술, 조각, 미디어 아트 등 다양한 장르의 작품을 선보였다. 직접 보지는 못했지만 관객들이 직접 너른 녹차숲 위로 걸어다닐 수 있게 만든 징검다리 설치작업도 있었고 한여름 태양빛의 파장 등 시시각각 변하는 현장의 모습을 담은 프로세스 아트도 있었다고 하니 참 볼만했을 것 같다. 당시 건축가 김찬중이 녹차밭 한가운데 설치한 나선형의 난간과 계단으로 이루어진 전망대 AIR-CUP과 이근세의 조랑말 조형물인 〈무위지향마〉는 아직 서광다원에 전시되고 있다.

2017년에 다시 제주에서 APMAP이 열리는 시기에 맞춰서 오면 볼거리가 더욱 더 풍부해 가뜩이나 넓고 볼거리 많은 이곳에서 한나절은 시간을 보내야 할 것 같다.

♥ 오설록 티뮤지엄 : 서귀포시 안덕면 신화역사로 15 (064,794,5312)
♥ 관람시간 : 09:00~18:00 (17:30 전까지 입장)
♥ 관람료 무료

오설록 티스톤에서는 전문 티소믈리에와 함께 차 문화에 대한 교육과 시음 등 다양한 프로그램을 체험할 수 있다. 수강비용은 1인당 15,000원이고 온라인 예약결제시 20% 할인혜택이 있다. 전화예약은 제주 오설록 티뮤지엄으로 해야 한다.

Part 4

섬이 품은
예술가들

자구리 해안에 설치된 정미진 작가의 작품〈게와 아이들〉

추사
기념관

● 절해고도에서 꽃피운 대가의 예술혼

한 중년 사내가 뱃전에 서 있다. 여섯 차례의 혹독한 고문과 36대의 곤장으로 인해 만신창이가 된 몸으로 제주 바닷길을 건너고 있다. 그는 한때 조선의 천재 소리를 듣던 학자였고 장안에서 내로라하는 명필가였다. 어머니 뱃속에 무려 24개월이나 있다가 태어난 덕인지 어려서부터 경전을 줄줄이 외워 신동소리를 들으며 컸다. 소문을 듣고 재상이 집으로 찾아오기까지 했다. 소년 시절에는 북학의 대학자 박제가에게 학문을 배웠다.

청년 시절에는 중국사절단으로 파견된 아버지를 따라 연행도 다녀왔다. 거기서 청나라 최고의 금석학자인 옹방강을 만났다. 조선이란 작은 나라에서 온 새파란 젊은이를 만나준 당대 최고의 석학은 단번에 그의 남다름을 알아봤다. 그는 "경전과 예술 문장이 조선에서 가장 뛰어나다"는 칭찬을 받았다. 이후 그의 일생은 상승

곡선을 그리는 일만 남은 것 같았다. 35세에 정식 관료시험인 대과에 합격해 벼슬길에 올라 승승장구한 끝에 아버지처럼 동지부사가 되었지만 호시절은 짧았다. 남은 건 세상의 질시와 끝 모를 추락뿐이었다. 당시 세도정치로 맹위를 떨쳤던 권력실세 안동 김씨 측의 모함을 받게 된 것이다. 그들은 예전에 그의 아버지 김노경이 연루되었던 사건을 다시 끄집어내 그 아들을 탄핵하고자 했다. 소위 '윤상도 옥사' 사건으로, 윤상도와 그 아들이 호조판서 등을 탐관오리로 탄핵했는데 군신 간을 이간질했다는 이유로 유배된 사건이다. 당시 그의 부친은 사건 배후조종 혐의로 고금도에 유배되었지만 곧 해배되어 관직생활을 하다 세상을 떠났다. 10년 동안 아무 일도 벌어지지 않아 잊힌 일인 줄만 알았다. 그러나 기득권의 견제와 음모는 집요했다. 그의 아들이 출세가도를 달리자 안동 김씨 측은 다시 '윤상도 옥사' 카드를 빼들어 숙청의 빌미로 삼았다.

억울한 누명을 쓰고 죽음 직전까지 갔다가 간신히 목숨만 건져 제주도로 유배오게 된 것이다. 그동안 전주, 남원, 나주, 해남 등 육로를 거쳐 이제 완도에서 배를 타고 절해고도로 들어가는 가장 험난한 여정 한가운데 떠있는 셈이다. 그의 나이 55세, 헌종 6년 (1840), 9월 4일의 일이었다. "삶과 죽음의 갈림길"이라고 부를 만큼 제주로 가는 뱃길은 위험했다. 거친 풍랑에 휩싸여 배가 뒤집히는 일이 잦았고 유배객들이 제주에 도착하기도 전에 물고기 밥이 되는 일이 허다했다. 하늘이 도왔는지 뱃길은 순탄했다. 보통

열흘에서 한 달 정도 걸리는데 아침에 출발하여 저녁 무렵 제주에 당도했다. 거의 날아서 건너왔다고 할 만큼 기적의 항로였다. 점점 섬에 가까워질 때 그는 무슨 생각을 했을까? 검푸른 바다의 날선 파도처럼 세상은 잘 나가던 그를 집어삼키려고 했다. 그가 의금부에 압송된 그날 아침은 동지부사가 되어 30년 만에 다시 청나라에 가려고 여장을 꾸리던 참이었다. 인생에서 가장 빛나는 순간에 밑바닥으로 내동댕이쳐진 셈이다.

이제부터 그가 만날 세상은 자신이 속했던 곳과는 판이한 곳이다. 그곳은 한 인간의 과거와 미래를 모두 지우는 물에 떠 있는 감옥이었기 때문이다. 여기서부터 그는 더 이상 천재도 벼슬아치도 그 무엇도 아니다. 잘 나갈 때 그의 곁을 지켰던 사람들도 모두 사라졌다. 암전된 것처럼 시야가 아득해졌을 것이다.

드디어 제주목 화북진에 도착했다. 검은 현무암과 세찬 바람 그리고 '귀양다리[17]' 라고 놀려대는 동네아이들의 야유와 육지에서 잘 나가던 선비를 구경나온 섬 주민들.. 그제야 자신이 유배지에 도착했음을 실감했을 것이다. 하지만 여정이 끝난 것은 아니었다.

화북에서 자신이 위리안치[18]될 대정까지 아직 80리 길을 더 걸어가야 했다. 대정은 제주에서도 가장 살기 힘들고 척박한 곳이었다.

---

17 조선시대 제주에서는 유배인을 '귀양다리' 라고 불렀다.
18 유배지에 가시나무를 둘러쳐 외부와 완전히 격리시키는 형벌

그나마 예전에 충암 김정(1520년), 영남학파의 거유 동계 정온(1614년), 대암 송시열(1689년) 등 쟁쟁한 인물들이 대정에서 귀양살이를 했다는 사실이 조금이나마 위안이 되었을까?

추사기념관을 가기 위해 대정읍에 도착한 것은 한겨울. 평화로를 지나면 인성리 사거리가 나오고 대정읍성의 높은 성벽이 나오는데, 길모퉁이 곳곳에 유달리 수선화가 눈에 많이 들어왔다. 지역 주민들은 추사가 그토록 사랑했던 꽃인 수선화를 한때 추사가 머물다 간 곳이었음을 알리는 표식으로 삼고 싶었던 것일까?

추사 김정희에게 제2의 고향이나 다름없는 대정현은 예로부터 모진 바람과 척박한 땅으로 사람이 살기에 많이 힘든 곳이었다. 오죽하면 대정의 다른 이름인 '모슬포'가 '몹쓸포' '못살포'에서 나왔을까. 주민들의 삶이 힘겨운데도 불구하고 관리들의 수탈이 심해 대정에서는 민란이 빈번했다. 조선 후기 제주에서 일어난 대표적 민란인 방성칠의 난, 이재수의 난도 모두 대정현에서 일어났고, 이후 일제치하의 항일운동, 4.3항쟁 때도 대정현 사람들이 많이 연루되었다.

특히 당쟁으로 얼룩진 조선시대에 대정현은 유배인들의 고독과 피울음으로 뒤범벅된 절망과 죽음의 땅이었다. 그런 곳에서 추사는 무려 9년이라는 세월을 보냈다. 이 시기가 추사에게 그저 고통스럽고 무의미한 시간들이었을까? 그 해답을 찾으려면 우선 제주 추사관에 먼저 들러야 할 것 같다.

건축가 승효상이 설계한 제주 추사기념관의 외양은 한눈에 봐도 추사의 세한도에서 빌려왔음을 알 수 있다. 건축설계 저작권의 절반은 추사에게 있는 셈이다. 소박하기 그지없는 건축의 컨셉은 조선선비의 절제의 미학에서 영감을 받은 것이라고도 한다. 추사기념관은 경기도 과천과 충남 예산에도 있지만 오롯이 추사의 작품에서 모티프를 따온 건물은 이곳이 유일하다. 너무 심플한 외양 때문인지 2010년 5월 완공 당시 마을주민들은 감자창고 같다며 불만을 표시했다고 한다. 일단 기념관 안으로 들어가봤다.

지상 1층에서 시작된 동선은 곧 지하 1,2층으로 이어진다. 외부에서는 단층 건물로 보였는데 내부로 들어가 보니 지하층으로 이어지고 있었다. 게다가 외부와 다르게 내부 마감재는 콘크리트였는데 전반적으로 은은하고 단아한 분위기가 조선선비의 서재 분위기와 일맥상통한다. 추사기념홀을 비롯해 3개의 전시실과 교육실, 수장고 등의 시설을 갖추고 있다. 전시실은 지하라는 느낌이 들지 않게 환하다. 건물 전면에 뚫린 둥근 창으로 바닥에 햇빛 연못이 드리우고 곳곳에 자연채광을 최대한 끌어들이도록 설계되어 어둡고 답답한 느낌이 들진 않았다. 전시관은 크게 추사의 일대기와 작품세계, 유배시절을 테마로 꾸며져 있다.

100여 점의 소장품들은 거의 대부분 기증받은 것들이다. 보물 제547-2호인 예산 김정희 종가의 서문은 남상규 회장이 기증했고, 30

점의 간찰과 탁본은 유홍준 교수가, 그 외에 고미술화랑, 박물관장, 추사동호회 회원들이 십시일반 기증한 유물들로 구성되어 있다. 참여정부때 문화재청장을 지냈던 유홍준 교수는 기념관 건립 시 자문에서부터 기증까지 지원을 아끼지 않았고 2015년에는 명예관장으로 위촉되었다. 기념관 2층에는 무쇠로 만든 추사의 흉상이 놓여 있는데 이는 임옥상 작가의 작품이다.

기념관에는 복제본이긴 하지만 추사의 글씨와 그림, 서간, 현판 등이 전시되어 있다. 아마도 전시관에서 관람객들의 시선을 가장 많이 끄는 작품은 추사가 제주유배생활에서 남긴 〈세한도(歲寒圖)〉일 것이다. 국보 제180호로 지정된 세한도는 길이 10.8m에 이르는 긴 그림이다. 원본은 현재 국립중앙박물관에서 보관중인데, 그림에 감상문도 덧붙여져 작은 종이 3장을 이어 붙인 것이다. 필치는 마른 먹의 붓으로 그린 초묵법인데 먹의 농담이 없어 건조하기 그지없는 분위기가 궁핍한 유배지에서의 추사의 심상을 표현하는 데는 안성맞춤인 것 같다. 세한도를 이야기하면서 빼놓을 수 없는 인물은 추사의 제자 이상적이다. 추사에게 제주유배와 이상적이 없었다면 세한도는 세상에 나올 수 없었을 것이다.

이상적은 역관으로 중국에 12차례나 연행을 떠났던 '중국통(中國通)'이었다. 그는 연행때마다 추사에게 청나라 학계의 최신정보를 제공해주었을 뿐 아니라, 추사에게 필요한 희귀서적과 물품들을 전해주는 심부름꾼 역할도 기꺼이 했다. 유배 떠나기 전에는 주위의 많은 사람들과 교류를 했지만, 막상 귀양을 오고 나니 평소 가까웠던 사람들도 정치적으로 몰락한 추사를 더 이상 찾지 않았다. 그러나 이상적은 한결같은 태도로 추사에게 신경을 써 주었다. 특히 연행갈 때마다 청나라의 희귀서적을 구해 인편으로 추사의 적거지까지 보내주었다. 학문의 무풍지대나 다름없던 절해고도에서 추사가 동아시아 학계의 흐름과 전망을 파악하는데 큰 보탬이 되었을 것이다. 마치 흥부에게 박씨 물어다준 제비처럼 추사에게 그보다 더 고마운 일은 없었을 것이다.

이렇게 정성 어린 제자의 모습을 두고 추사는 《논어》의 〈자한〉에 나오는 다음과 같은 한 구절을 떠올렸다. '세한연후지송백지후조(歲寒然後知松柏之後調)' 라는 구절로 "공자가 겨울이 되어서야 소나무나 잣나무가 시들지 않는다는 사실을 느꼈듯이, 사람도 어려운 처지가 되어야 진정한 벗을 알 수 있다" 는 뜻이다. 추사에게 송백같은 인물은 바로 이상적이었던 것이다.

동그란 창문 하나 그려진 초라한 집 한 채, 좌우로 들어선 잣나무 세 그루, 앙상한 가지가 몇 점 매달려 있는 소나무 한 그루.. 지금 기준으로 보면 원근법도 맞지 않고 화면 대부분을 점하고 있는 여백은 눈밭처럼 황량하고 썰렁하기 그지없다. 대가들의 잘 그린 산수화를 보면 풍요로운 느낌이 들고 그림 속으로 들어가 유유자적 노닐고 싶은데 세한도는 전혀 그런 생각이 안 든다. 만에 하나 그림 속으로 들어가면 십중팔구 얼어 죽거나 고독사할 것만 같다.

어쨌든 그런 한랭한 분위기가 전달된 것만으로도 세한도는 현실세계가 아닌, 그린 이의 심상을 반영하는 문인화로서의 소임을 다한 것으로 보인다. 몇 가닥의 필선으로 겨우 이어 붙인 듯한 초라한 집은 추사 자신의 내면세계를 묘사한 것이 분명하다. 반면 비교적 상세히 묘사된 집 앞의 소나무는 땅에 굳건하게 뿌리를 내리고 있고, 초라한 집을 굳건하게 지켜주는 듬직한 모습이다. 유배기간 내내 스승의 곁을 지킨 제자의 모습을 형상화한 것이다.

세한도를 선물 받은 이상적은 눈물을 흘리며 감격했다고 한다. 그는 연행 갈 때 세한도를 청나라로 들고 가 중국 연경의 명사들의 감상평을 덧붙여 왔다고 한다. 하지만 이후 세한도는 여러 차례 주인이 바뀌게 된다. 이상적의 손을 떠나 그의 제자인 역관 김병선의 아들 김준학이 지니고 있다가 현 휘문고등학교 설립자인 민영휘의 수중을 거쳐 추사연구가인 일본인 학자 후지츠카 지카시가 넘겨받게 된다. 1944년, 태평양전쟁이 막바지에 이르고 일본의 패색이 짙어지자 후지츠카는 세한도를 가지고 일본 도쿄로 건너가 버렸다. 이 소식을 들은 진도 출신 서예가 손재형(1902~1981)이 도쿄로 달려가 후지츠카에게 세한도를 돌려달라고 간곡하게 부탁한 끝에 겨우 국내로 들어올 수 있었다. 천만다행이었던 게 세한도가 도쿄를 떠난 지 한 달 후 도쿄 전역에 공습이 있었고 후지츠카의 집은 폭격으로 잿더미가 되어버렸다. 이후 세한도는 한때 사채업자 손에 들어갔다가 개성 상인 손세기가 구입했고, 그의 아들

손창기가 물려받아 2010년 말 국립중앙박물관에 기탁되면서 결국 국민의 품으로 돌아왔다.

● 추사의 한글편지

아내를 향한 간절한 외침

세한도도 그렇고 추사의 현판글씨들도 유명하지만 전시장 안에서 개인적으로 가장 흥미롭게 다가온 것은 추사의 한글편지였다. 추사는 유배기간 동안 부인 예안 이 씨에게 한글편지를 썼다. 조선시대에 한글은 '언문(상것들의 문자)' '암글(여자들이 쓰는 글)' 이라 하여 양반이나 선비들은 한문만 썼는데, 아내와 소통하려는 추사의 소탈한 성정이 드러난다. 한글편지라는 형식도 그렇지만 내용도 파격적이다. 부인에게 보낸 한글편지 내용은 먹을거리와 숙소에 대한 애로사항, 노환과 질병 등의 고통을 호소하는 내용이 대부분이었다. 명문 경주 김씨 집안이자 왕실의 종친이었던 권문세가의 자제로 태어나 호의호식했던 추사였기에, 유배생활에서 그를 가장 괴롭혔던 것은 음식이었다.

민어를 보내라, 곶감을 보내라, 간장과 김치, 인절미도 보내라.. 읽는 사람으로 하여금 측은지심이 들기도 전에 재빨리 몸을 놀려 음식장만을 하게끔 재촉하는 듯한 내용이 깨알같이 채워져 있다. 대학자의 위엄은 온데간데없고, 그저 한 여인의 남편으로 돌아와

'징징대는' 모습에서 인간적인 매력마저 느껴진다.

실제로 한양에서 보낸 하인이 수차례 제주에 드나들며 추사가 요구한 음식들을 전달했는데, 제주까지 수개월씩 걸리다 보니 산 넘고 물 건너 도착한 음식들은 상하고 곰팡이 피어 있기 일쑤였다. 그래도 제대로 된 음식을 구하기 어려운 곤궁한 섬 생활인지라 추사는 곰팡이 핀 음식들을 물에 헹구어 먹었다고 한다.

그렇게 멀리서 그를 애틋하게 뒷바라지했던 아내 예안 이 씨는 유배생활 2년 만에 세상을 뜨고 만다. 그런 사실을 모르는 채 추사는 부인의 안부를 묻는 편지를 두어 차례 보냈다. 그것도 아내의 건강과 복용해야 할 약, 음식과 잠자리 등을 걱정하며 세세하게 안부를 묻고 있었다. 한 달 뒤에야 부고를 접한 57세의 홀아비는 아내를 애도하는 도망시(悼亡詩)를 지어 슬픔을 달랠 수밖에 없었다.

　어떻게 해서라도 월하노인께 송사하여
　내세에는 나와 당신이 바뀌어 태어나
　내 죽고 당신 천리 밖에 살아
　그대로 하여금 이 비통한 심정 알게 할 것이요.

부부의 연을 맺어준 중매인인 월하노인에게 송사한다는 표현에서는 세상에 대한 원망이, "내세에는 서로 처지를 바꾸어 태어나자"는 구절에서는 아내를 향한 애절한 마음이 진실되게 다가온다.

이러한 개인적인 시련은 그로 하여금 유배지에서 더욱 더 서도에 매진하게끔 단련시켰다. 그렇게 완성한 추사체는 제주라는 궁핍한 땅과 개인적인 고뇌가 없었다면 나오기 힘들었을 것이다. 연암 박지원의 손자이자 당대의 비평가 박규수는 "유배 이전의 추사 글씨는 청나라 옹방강체를 모방한 것이라 너무 기름지고 획이 두껍고 골기가 적었는데 바다를 건너갔다 온 후에는 남에게 구속받거나 본뜨는 일 없이 스스로 일가를 이루어냈다"고 평했다. 그가 죽기 3일 전에 쓴 봉은사의 판전 글씨도 제주유배라는 시련이 없었다면 불가능했다. 이 기고만장한 거장은 결국 암울한 시대가 만들어낸 것이다.

크게 고요하다는 뜻을 지닌 대정읍에서의 생활이 점차 안정되어 가자 추사는 감귤의 지조와 향기를 본받아 자신의 거처를 귤중옥이라고 부르며 안빈낙도의 생활을 유지하려 했던 모양이다. 하지만 육지에서 유명한 학자가 유배객으로 왔다는 소문은 고을을 시끌벅적하게 만들었다. 절해고도에서 제대로 된 배움의 기회가 없었던 제주 중인 출신들이 몰려와 그에게 가르침 받기를 청했기 때문이다. 추사는 이들을 문하생으로 받아들여 많은 제자를 배출했다. 그중에는 추사가 해배되어 제주를 떠날 때 데리고 가서 한양 선비들과 교류를 나누게 한 제자도 있었고, 제주에서 추사가 쓰던 180개의 인장을 총망라하여《완당인보(阮堂印譜)》라는 책을 만들어 훗날 추사연구자들에게 중요한 자료를 남긴 제자도 있다. 이들

건축가 승효상이 설계한 제주 추사기념관의 외양은 추사의 세한도에서 빌려왔다. (위)
1. 임옥상 작품 〈추사흉상〉 2. 추사의 한글편지

1 2

은 조선 후기 제주의 학문과 예술 발전에 큰 역할을 담당했다.

제주 뿐 아니라 바다 건너 육지에서도 친구와 제자들이 찾아왔다. 비행기와 여객선이 없던 시절, 배를 타고 바다를 건넌다는 것은 목숨을 담보로 한 모험이나 마찬가지였다. 초의선사는 추사를 찾아 다섯 차례나 바다를 건넜다. 그는 추사와 지내는 동안 차도 마시고 참선도 하며 도반(道伴, 함께 도를 닦는 벗)의 관계를 돈독히 했다. 추사는 초의선사가 돌아간 뒤에도 차가 떨어지면 그에게 차를 보내 달라는 독촉편지를 여러 통 보낼 정도로 허물없는 사이였다.

진도에 살던 문인화가 소치 허련도 추사를 보러 제주를 세 차례나 왕래한 벗이자 제자였다. 당시 허련은 추사에게 지두화(붓 대신 손가락으로 먹을 찍어 그린 그림)를 배웠고, 훗날 허련은 이 분야에서 뛰어난 경지를 이루었다. 허련은 추사로 인해 제주를 드나들며 제주 실경을 그린 산수화도 남겼고 소동파의 유배시절 모습을 그린 〈동파입극도〉를 모방한 〈완당선생해천일립상(阮堂先生海天一笠像)〉을 그려 귀양살이하는 추사의 모습을 남기기도 했다.

이처럼 아내와 가족은 물론 제주도민들의 보살핌, 무엇보다도 육지에서 온 벗들과의 교류로 인해 추사의 유배생활은 적막하지만은 않았을 것이다. 절망의 순간에도 마음의 평정심을 잃지 않고 새로운 길을 찾은 추사 김정희. 비록 세한도 속 적막한 집은 쓸쓸해 보이지만 그림 속의 집을 모티프로 지은 추사관은 지금도 그를 기리는 사람들의 행렬이 꾸준히 이어지고 있다.

기념관 맞은편에는 추사 김정희의 적거지가 자리잡고 있다. 추사가 유배생활 중 가장 오래 머물렀던 장소이자 세한도와 추사체의 산실이기도 하다. 갓 귀양와서 적거지로 삼은 곳은 송계순의 집이었는데 이후 대정고을 최대 부자였던 강도순의 집으로 옮겼다고 전해진다. 현재 우리가 볼 수 있는 추사적거지는 바로 두 번째 적거지인 강도순의 집인데, 전형적인 제주 가옥으로 안거리, 모거리, 밖거리로 구성된 규모가 큰 집이었다. 그중 오른쪽 밖거리에 추사가 거주했다고 한다. 아마 제주에서 강도순 일가처럼 대를 이어 추사의 실사구시 사상에 영향을 받은 집안도 없을 것이다.

추사가 육지로 돌아간 이후 그 집에는 강도순의 손자 강기용이 살았는데 그의 아들 강문석은 일제강점기 시절인 1925년 4월 모슬포에 한남의숙(漢南義塾)을 설립한 뒤, 모슬포청년회원으로 민중계몽운동을 벌인 사회주의계열 독립운동가였다. 강도순의 집은 4.3 때 토벌대에 의해 불타 없어졌는데 그의 증손자 강문석 때문이었다. 강문석이 제주4.3 당시 유격대총사령관이었던 김달삼의 장인이었기 때문이다. 그렇게 한동안 터만 남았던 곳을 1984년 강도순의 후손의 기억에 의존해 다시 복원했다. 적거지 돌담 밑에는 한겨울인데도 수선화가 고고한 자태를 뽐내고 있었는데, 수선화는 제자들이 보내준 서적, 부인의 한글편지, 초의선사의 차와 더불어 추사의 유배생활에 몇 안되는 위안거리였다.

제주 유배생활 중 허름한 초가 한켠에서 일구어낸 추사체. 그것은 그냥 서체가 아닌 추사의 고독이자 눈물 인생의 결정체였다. 19세기 시대의 전환기와 절망의 끝에서 예술혼을 꽃피운 추사를 키워낸 8할은 제주의 모진 바람이 아니었을까.

● 대정향교와 추사유배길
제주 선비정신의 산실

추사관에서 차로 10분 정도 거리에 대정향교가 자리잡고 있다. 지방유형문화재 제4호로 지정된 이곳은 태종 16년(1416)에 대정성 내에 지어졌다. 그 뒤 북성에서 동성 외로, 서성 외로 옮겨 다니다가 효종 4년(1653) 이원진 목사때 지금의 단산 아래로 이전하여 오늘까지 이어지고 있는 유서 깊은 곳이다. 경내에는 명륜당, 대성전, 동재, 서재, 삼문 등이 있는데 동재(東齋)의 별칭인 의문당(疑問堂) 편액은 추사가 쓴 것이다. 원본은 추사유배지 전시관에서 볼 수 있다. 추사는 이곳에서 후학을 가르쳤다. 향교를 품고 있는 듯한 박쥐 모양의 단산과 산방산이 그림처럼 펼쳐진 풍경도 이채롭다. 매년 4월과 9월에 석존제를 봉행한다.

추사유배길은 모두 3개의 코스로 이루어져 있다. 제1코스인 '집념의 길'은 대정읍 추사로 44번지 제주 추사관에서 출발하여 강도순의 집 ~ 동계 정온의 유배지였던 송죽사 터 ~ 송계순 집터 ~ 덕이 없는 관리가 부임하면 말라버린다는 드레물 ~ 동계 정온의 유

대정향교 뒤로 박쥐 모양의 단산과 산방산이 시원스레 펼쳐져 있다. (위)
추사 적거지 돌담 밑에 핀 수선화 (아래)

허비 ~ 강도순의 증손자 강문석이 세웠다가 일제에 의해 폐교된 근대학교 한남의숙 터 ~ 천주교 박해로 제주에 37년간 유배 살던 정약용의 조카딸 정난주 마리아 묘 ~ 소치 허련이 스승 추사의 제주유배 시절의 모습을 그린 입석이 세워진 남문지못 ~ 대정향교를 감싼 단산과 방사탑 ~ 세미물 ~대정향교를 거쳐 다시 추사관으로 돌아오는 약 8km의 순환코스로 구성되어 있다. 시간은 약 3~4시간 소요된다.

2코스 '인연의 길'은 제주 추사관과 주차장과 사이로 난 길을 따라 올라가 수월이못 ~ 제주옹기박물관 ~ 무릉, 신평 곶자왈 지대 ~ 편지방사탑 ~ 오설록 다원으로 이어진다.

3코스 '사색의 길'은 대정향교 주차장에서 시작하여 추사의 제주도 제자 박혜백이 스승의 낙관을 모아 펴낸 '완당인보'의 도장들을 돌에 새겨 전시하고 있다. 이 길을 지나면 산방산에 이른다.

추사기념관에서 50m쯤 떨어진 곳에는 이재수의 난(1901년 신축년 농민항쟁)을 이끈 강우백, 오대현, 이재수 세 장두를 기리는 '삼의사비'가 있다. 사실 제주민들 입장에서는 외지인인 추사 김정희보다는 제주출신 이재수를 기리는 삼의사비를 더 받들어야 할 것 같은데 추사의 존재에 묻혀 찾아오는 이 없어 아쉬운 부분이다.

김훈의 소설《흑산》을 재미있게 읽었거나 천주교인이라면 정난주 묘소에 들를 것을 권한다. 정약용의 조카딸 정난주는 신유박해로 남편 황사영을 잃고 제주로 유배왔다가 생을 마쳤다. 천주교에서는 정난주를 제주에 처음으로 천주교를 전파한 인물로 기록하고 있으며, 1990년대에 제주 선교 100주년 기념사업으로 정난주 묘역을 성역화했다. 추사유배길 제1코스에 포함되어 있다.

● 조선시대 유배문화
선비들의 피울음이 저항의 씨앗으로

유배란 중죄인들을 멀리 보내 쉽게 돌아오지 못하게 하는, 사형 다음으로 무거운 형벌이었다. 예전 사극에서는 귀양이라는 말을 자주 써서 이 용어에 익숙한 사람들도 많을 것 같은데, 실제로 민가에서는 유배보다 귀양이라는 말을 썼다고 한다. '귀양'은 벼슬을 버리고 향리로 돌아간다는 뜻인 귀향에 뿌리를 둔 말이다. 유배의 기원은 정확치 않지만 삼국사기에 유배란 용어가 기록으로 남아 삼국시대부터 행해졌던 걸로 추측된다.

실제 법제화된 것은 탐라국이 고려에 완전 편입되어 일개 군현체제를 갖추게 된 고려시대부터였다고 한다. 고려는 원나라 법을 따랐지만 고려 말에 이르러 명나라의 등장과 함께 명의 형률을 따랐다. 고려시대에는 고려를 복속시킨 원나라가 삼별초 정벌 직후 제주를 그들의 직할지로 삼아 몇 차례 도적과 죄인들, 심지어 왕족과 관료, 승려까지 유배 보냈다고 한다.

원나라 뒤를 이은 명나라도 원나라의 세력이 최후까지 남아 있던 운남을 평정한 후 징기즈칸의 후손들을 제주에 유배시켰다. 이들 원나라 유배객들은 제주에 후손을 남겨 양(梁), 안(安), 강(姜), 대(對) 씨 성을 남겼다.

유배문화는 사화와 당쟁으로 점철된 조선시대에 와서 본격적으로 활용되었다. 조선시대 유배는 1년 이상의 징역형을 받은 정치범들에게 주로 해당되었는데, 명나라의 형률에 의거하여 죄의 경중에 따라 2천리, 2500리, 3천리, 3등급으로 구분하여 산간벽지나 섬으로 보냈다. 하지만 땅덩어리가 넓은 중국에서는 이런 규정이 적용 가능했으나 좁은 조선에서는 이를 따를 수 없어 곡행이라는 편법을 사용했다. 다시 말해 직행 3천리가 불가하니 구불구불 돌아서 왕복거리를 합산해 3천리를 채우는 궁여지책을 썼다. 대부분 정치범들은 사면령을 내리든지 정세의 변동이 없으면 일생 귀향하지 못했다.

조선 중기에 들어 당쟁이 치열해지면서부터 변경이나 내륙지방보다는 섬으로 유배를 보내는 경우가 허다했다. 특히 제주는 3천리 유배의 대명사격으로 거리상 최적의 유배지로 각광받았다. 조선왕조 500년 동안 제주 유배객은 약 260여 명에 달하는 것으로 추정되고 있다. 1964년부터 3년간 제주생활을 했던 시인 고은은 한때 제주가 3천리 유배지였던 사실을 실감하기 위해 제주에 가려면 꼭 배를 타야 한다고 강조한 바 있다.

제주를 거쳐간 수많은 유배객들 중에는 쟁쟁한 인물이 많았는데, 왕으로는 유일하게 광해군이 제주로 유배온 뒤 돌아가지 못하고 생을 마감했다. 또한 제주의 오현단에는 5현이 모셔지고 있는데 그중 3현인 김정, 정온, 송시열은 제주로 유배온 거물 정치인 혹은 학자였다. 조선왕조가 망하기 직전인 19세기 말까지 제주는 유배객들로 몸살을 앓았다. 한말 위정척사운동의 대표적 인물인 최익현은 1873년 유배, 칠성로 사거리에서 적거생활을 했고, 고종의 부마로 1884년 갑신정변을 주도했던 박영효는 1907년 제주에 유배되었다가 1910년 6월에 돌아갔다. 그 외에 독립운동가 이승훈, 홍선대원군의 손자 이준용 등이 제주섬으로 유배되었다.

이처럼 한때 대단한 벼슬아치나 왕족들도 정권이 바뀌면 한갓 유배객으로 전락하고, 때론 유배 보낸 인물이 나중에 유배객이 되는 현실에서 권력의 덧없음이 느껴진다. 제주에 안치된 유배객 중 어린이도 있었다. 인조는 자신의 아들 소현세자가 낳은 아들 셋을 제주로 귀양보냈다. 그중 막내 이석견을 제외한 왕손 둘이 제주에서 풍토병으로 죽었다.[19]

여성 유배인으로는 광해군때 영창대군의 외조모이자 인목대비의 어머니인 노씨부인이 계축옥사로 인해 제주에 유배되었다. 노씨

---

19 인조는 병자호란때 청나라에 9년간 볼모로 잡혀있던 소현세자가 귀국하자 그를 냉대했다. 소현세자는 귀국 두 달만에 의문의 죽음을 당하고(인조가 독살했다는 설도 있다) 며느리 세자빈 강씨를 사약을 내려 죽였다. 이후 소현세자의 세 아들이자 자신의 손주였던 이석철(당시 12세), 이석린(당시 8세), 이석견(당시 4세)을 모두 제주로 귀양보냈다.

부인은 힘든 유배생활에서 생계를 꾸리기 위해 술을 만들어 팔았는데 이를 제주도민들은 모주(母酒)라고 불렀고 지금까지 그 명칭이 전해 내려온다. 노씨부인은 이후 인조반정으로 인해 해배되어 5년의 제주생활을 끝내고 한양으로 올라갔다.

다산 정약용의 조카딸이자 정약전의 딸인 정난주의 일화도 빼놓을 수 없다. 1801년 신유박해로 남편 황사영이 처형되고 정난주는 제주도 대정으로, 아들은 추자도에 노비로 보내졌다. 정난주는 조선시대 여성으로서는 드물게 남녀 구별없이 학문을 가르쳤던 집안 분위기로 인해 높은 학식과 인덕을 지닌 인물이었다. 관노 신분임에도 동네 아이들에게 글을 가르쳐주어 이웃들에게 '서울할망'이라 불리며 칭송을 받고 살다가 유배지에서 사망했다. 유배 오기 직전 추자도에 남겨놓고 온 젖먹이 아들을 한 번도 보지 못하고 눈을 감았고, 아들은 장성해서야 어머니의 소식을 듣고 묘소를 찾았다는 가슴 아픈 일화도 전해진다.

이처럼 조선의 수많은 지식인들을 감금하고 유폐시켰던 통한의 섬 제주가 현재 '제주이민' '자발적 유배'라는 용어를 낳으며 육지인들이 욕망하는 곳으로 변했으니 과거와 현재 그 의미가 뒤집혀버린 제주 문명사의 아이러니를 엿보는 것 같다.

김영갑
갤러리
두모악

● 천 개의 바람으로 남은 사진가

"내가 사진에 붙잡아두려는 것은 우리 눈에 보이는 있는 그대로의 풍
경이 아니다. 시시각각 변하는 들판의 빛과 바람, 구름, 비, 안개다.
최고로 황홀한 순간은 순간에 사라지고 만다. 삽시간의 황홀이다."[20]

제주 서귀포 성산읍 삼달리, 성산일출봉에서 표선해수욕장으로
들어서기 직전, 상달교차로에서 성읍민속마을쪽으로 진입하면 올
레 코스가 지나가는 조용한 마을에 깊고 넓은 마당을 지닌 갤러리
가 있다. 갤러리 이름은 두모악(한라산의 옛 이름)이지만 '김영갑갤
러리'란 명칭이 더 친숙하다. 이 갤러리는 폐교를 활용한 사진 갤
러리로, 사진작가 고 김영갑 씨가 일군 제주의 보물이다. 이제는
너무도 유명해져서 관광객들이 꼭 들르는 문화명소가 되었다.

---

20 김영갑 《그 섬에 내가 있었네》 2004, Human & Books

1967년에 개교한 구 신산교 삼달분교는 1998년, 제주도 예산문제로 소규모 학교들간 통폐합 바람이 불면서 폐교되었다. 그후 2001년 김영갑 작가에게 임대되어 2002년 갤러리두모악으로 거듭났다. 건물 내부에 전시된 작가의 사진들도 훌륭하지만 폐교를 갤러리로 변모시킨 성공사례로도 유명하다. 김영갑갤러리는 한국내셔널트러스트 '잘 가꾼 자연문화유산' 부문에 선정될 정도로 농촌 폐교시설을 지역문화의 구심점으로 끌어올린 모범사례로 평가받았다.

작가는 살아 생전 폐교를 둥지삼아 작업실겸 전시공간으로 썼다. 건물 내부만 꾸민 게 아니라 원래 운동장과 뒷마당이었던 외부 공간에 꽃을 심고 카페를 만들고 그가 만든 조형물들을 전시해 고즈넉한 야외갤러리로 일구었다. 사람들이 갤러리두모악을 찾는 이유는 점점 사라져가는 제주의 평화와 고요가 그의 사진 속에 고스란히 간직되어 있기 때문일 것이다.

갤러리두모악을 처음 찾았을 때는 앞마당 감나무에 감이 주렁주렁 내걸린 햇살 가득한 가을 오후였다. 한때 학교 운동장이었던 갤러리 앞뜰은 작가가 정성껏 심어놓았을 법한 이름 모를 가을꽃들과 현무암 돌담이 햇살에 반짝이고, 발밑에 뽀드득거리는 화산송이마저 정겨움을 전해준다. 미술관이 아닌 작은 곶자왈에 들어선 느낌이었다. 그나마 갤러리 입구에 서 있는 삼달초등학교라는 표석이 이곳이 예전에 학교였음을 짐작케 해준다. 이곳은 갤러리 정원이기도 하지만 고인의 영혼이 곳곳에 스며든 무덤이기도 하다. 작가의 유언대로 정원 곳곳에 그의 유해가 뿌려졌기 때문이다.

갤러리 입구에는 작가의 페르소나인 듯한 카메라를 맨 하르방이 관람객을 맞이하고 있고, 정원 나무 밑 돌담 틈새에는 사람 형상의 조형물들이 분신처럼 곳곳에 흩어져 있다. 저마다 크기도 포즈도 다른 인물형상들은 작가의 혼을 나눠 가진 작은 정령들처럼 여겨진다. 성읍에서 토우갤러리를 운영하는 김숙자 작가의 작품이라고 한다. 감나무 밑에 가부좌를 틀고 앉은 사람 모양의 조형물은 마치 바람의 소리를 경청하려는 작가의 생전 모습을 방불케 했다. 조형물과 같은 포즈로 나무 밑에 오붓하게 앉아 바람의 소리를 듣거나 가을 햇살을 한껏 받으며 정원을 둘러보는 것만 해도 작가와 영적 교감을 느끼기에 충분할 것 같았다.

시간 가는 줄 모르고 야외전시장에 한참 머물다 뒤늦게 갤러리 안을 둘러보기 시작했다. 매표소와 아트샵이 자리잡은 중앙홀을 지나 전시실로 들어서면 오른쪽 제1전시관에서 대형 TV를 통해 김영갑의 생전 모습과 육성이 담긴 영상물을 접할 수 있다. 전시장 벽면과 바닥이 만나는 공간은 현무암으로 장식되어 있는데, 단촐한 전시장에 소소한 매력을 선사하면서 전시된 사진들을 더 돋보이게 한다. 관람객들이 오래 작품을 응시할 수 있게끔 긴 의자도 놓여 있다. 두 개의 교실을 이어붙인 듯한 규모의 사진 갤러리에는 그가 남긴 20여 만 장의 작품 중 일부가 전시되어 있다. 오름을 비롯해 제주의 풀, 나무, 바다, 돌을 담은 풍경들은 하나같이 바람을 머금고 있었다. 몽글몽글 피어오른 아침안개나 비에 젖은 풍경을 마주하고 있자면 가랑비에 옷이 젖어들듯 작가의 상념과 고독까지 오롯이 피부 속까지 스미는 느낌이다.

개인적으로 작가를 처음 알게 된 계기는 2005년 그가 작고했을 때였다. 당시 애도와 추모의 물결로 술렁이던 예술계의 동향을 통해 그를 아는 많은 사람들의 마음속에 오랜 잔상을 남기는 범상치 않은 인물임이 느껴졌다.

● 섬이 반기지 않았던 이방인

충남 부여 출신의 작가는 1982년부터 제주를 드나들며 사진작업을 했는데 제주 풍광에 매료되어 1985년에는 아예 제주에 정착했다. 가진 것이라곤 맨 몸뚱이와 사진장비뿐인 그에게 제주생활은 그야말로 고행길이었다. 끼니를 굶는 일은 예사였고 기기할 곳을 찾아 중산간 오지마을로 점점 더 깊숙이 들어가야 했다. 필름에 곰팡이를 피우는 한여름철 섬의 습기는 그를 집요하게 괴롭히는 숙적이었다. 설상가상으로 장마철 수해를 입어 그가 작업실 겸 숙소로 쓰던 방이 물에 잠기는 바람에 전시회를 앞두고 잔뜩 사둔 필름과 인화지 등 고가의 사진장비들을 몽땅 버리는 일도 겪었다.

외지인을 대하는 마을사람들의 편견 때문에 이 동네 저 동네를 전

전하기도 했다. 당시만 해도 4.3때 마을주민들을 대량학살한 육지 경찰들과 서북청년단의 만행이 사람들 뇌리에 생생해서 제주민들은 육지인에게 마음의 문을 꽁꽁 잠그고 살던 시절이었다. 피사체를 찾아 들판을 헤매는 그를 간첩으로 오인하고 경찰에 신고한 주민도 있었고, 젊은 사람이 라면만 먹고 사는 모습이 보기 힘들어 방을 비워달라는 집주인도 있었다.

예측을 불허하는 섬의 자연환경에 적응하고, 그보다 더 속내를 알 수 없는 마을사람들과 말트기에 성공하기까지는 오랜 시간이 걸렸다. 원하는 사진을 얻기 위해서는 시시각각 변하는 자연의 순환을 읽어내며 결정적 순간을 포착해야 하는 것처럼 섬에 정착하기 위해 작가는 외로운 노인들의 말벗을 자청했다. 그들의 살아온 내력과 구구절절한 사연을 경청하며 소통의 물꼬를 트기 시작했다. 어느 날 마을에 불쑥 나타난 낯선 외지인을 경계하며 얼마 못 버티고 떠날거라 생각했던 마을사람들도 서서히 마음을 열고 그를 받아들였다. 작가도 주민들을 단지 사진 소재로 대상화시키지 않고 그 자신이 섬 생활에 감읍하여 동화되기에 이르렀다.

오름에서 태어나서 오름으로 돌아간다는 제주사람들의 삶을 이해하기 시작하자 무덤도 보이고 동자석도 보이고 무엇보다도 풍향과 풍속을 가늠할 길 없는 제주의 바람이 보였다. 이렇게 오름에 밀착된 지역민들의 삶을 관찰하다가 작품의 소재 대부분이 '제주의 오름'이 된 것은 너무 자연스러운 귀결일지도 모른다.

살아생전 김영갑 작가의 모습

"중산간(中山間) 광활한 초원에는 눈을 흐리게 하는 색깔이 없다. 귀를 멀게 하는 난잡한 소리도 없다.… 마음을 어지럽게 하는 그 어떤 것도 없다. 나는 그런 중산간 초원과 오름을 사랑한다.… 눈에 보이지 않으나 분명히 존재하는 영원한 것을 이곳에서 깨달으려 한다." [21]

제주 하면 해변이나 폭포, 한라산이 다인줄 알았던 사람들이 예전엔 눈길도 주지 않았던 오름을 다시 보기 시작했다. 특히 작가가 생전에 애착을 갖고 작품으로 남겼던 용눈이오름과 다랑쉬오름이 지닌 곡선의 미학, 날씨에 따라 천변만화하는 제주의 빛, 바람, 색의 황홀한 마법이 세상에 널리 알려지기 시작했다.

'오름 사진의 거장'으로 이름이 알려질 무렵, 42세의 나이로 김영갑은 희귀병이자 난치병인 루게릭 진단을 받았다. 쉬어야 한다는 주변 충고에도 아랑곳하지 않고 남은 생애 마지막 3년을 폐교를 꾸미며 갤러리를 짓는 데 소진했다. 온몸이 굳어져 숟가락 들기도 어려운 몸으로 돌을 나르고 야생화를 심었다. 그렇게 죽은 공간은 살아 숨쉬는 예술의 전당으로 탈바꿈되었다. 힘겹게 개관한 갤러리가 그의 명을 재촉했는지, 사그라들다 다시 피어오르는 잉걸불처럼 생을 연장시켰는지 알 길이 없다. 분명한 건 갤러리 돌담 하나, 풀포기 하나에도 작가의 손길과 영혼이 오롯이 서려 있다는 점이다.

---

21 김영갑 《그 섬에 내가 있었네》 2004, Human & Books

2005년 5월 29일, 김영갑은 천 개의 바람이 되어 그토록 사랑했던 제주의 품에 영원히 안겼다. 작가의 유골은 한 줌의 재가 되어 그를 사랑하는 사람들에 의해 갤러리 앞뜰에 심어 놓은 감나무 밑에 뿌려졌다. 그들은 고인이 운명을 달리하기 직전까지 보여준 사진에 대한 열정과 죽기 직전 휠체어에 의지하면서도 자신의 전시장을 지키던 모습을 가슴에 묻어두었다.

● 개발 바람 타는 섬, 위기의 섬

작가가 별세한 지도 어언 10년이 넘었다. '10년이면 강산이 변한다'는 말도 있듯이 그동안 갤러리가 있는 삼달리에도 많은 변화가 있었다. 김영갑이 정착하기 전만 해도 삼달리는 제주 동쪽의 전형적인 농촌마을에다 전기도 가장 늦게 들어올 정도로 낙후된 오지 마을이었다. 하지만 이제는 많은 여행객들이 유명관광지를 제쳐 놓고 일부러 찾아오는 명소가 되었다. 조용하던 마을에 어느새 카페와 식당, 게스트하우스가 지어지고 이주민도 많아졌다. 갤러리 두모악을 거점으로 문화공간이 생겨나고 예술가들이 하나둘씩 모여드는 마을이 되었다. 어느 날 갑자기 바람처럼 불쑥 마을을 찾아온 이방인이 마을 곳곳에 문화예술의 씨앗을 뿌리고 떠난 셈이다. 삼달리에 불어온 변화의 바람은 훈훈했지만 제주 전역은 급격한 개발 광풍이 휘몰아쳤다. 서귀포 강정마을에는 주민 반대에도 불구하고 해군기지가 들어섰다. 중국관광객들이 몰려들고 제주이주 열풍이 불면서 외지에서 자본이 물밀 듯이 들어왔다. 제주의 부동산 가격상승률은 전국 최고수준이다. 삼달리에서 머지않은 성산읍 온평리에 제주 제2공항을 짓는다고 땅값이 들썩인다. 민주적인 동의절차 없는 갑작스런 결정에 주민들은 망연자실하고 있다. 에어시티 복합도시라는 번드르르한 명분하에 이주대책도 전무해서 주민들은 하루하루 불안한 나날을 보내고 있다. 온평리 주민들은 강정마을에 제주해군기지를 건설한 데 이어 제주 제2공항을 '공군기지화' 하는 것이 아니냐는 의혹도 제기하고 있다. 김영갑갤러리가 들어선 서귀포 성산 일대는 '온평 제2공항 결사반대' 라고 쓰인 플래카드가 곳곳에 걸려 있다. 제주는 이제 동서남북 어딜 가도 '탐욕의 섬' 으로 변모한 지 오래다.

만일 작가가 살아서 제주의 자연이 전방위적으로 파괴되는 모습을 보았다면 뭐라고 했을까? 살아 생전에도 중산간 초원에 새 길이 뚫리고 전봇대가 세워지는 것을 경계하고 그토록 사랑했던 마라도에 교회와 절, 기념비가 세워지는 것조차 자연파괴로 여겼던 그였다. 작가가 즐겨 사진 찍던 제주 동부지역 오름 위로 비행기 굉음이 정적을 깨뜨리고 조용한 농촌마을들이 개발에 의해 목가적인 모습을 잃어버린다면 하늘에서도 마음이 편치 않을 것이다. 식량이 떨어지는 것보다 필름과 인화지가 바닥나는 게 무엇보다도 견딜 수 없었던 작가 김영갑. 섬생활이 주는 불편함과 외로움을 예술로 승화시켜 끝내 제주와 한몸이 되었던 작가. 외롭고 배가 고플 때면 온종일 들판을 걸어다니며 사진 찍기에 몰입했던 그는 제주 사람들도 미처 몰랐던 제주의 아름다움을 20년 동안 조금씩 사진에 담았다. 눈에 보이는 풍경은 물론 보이지 않는 바람의 흔적을 포착하여 사진 속에 재현하기에 이르렀다.

그의 몸짓은 서서히 마을을 변화시켰고 이제 그가 남긴 가치가 공동체 안에서 공유되고 뜻을 같이 하는 사람들을 불러 모으고 있다. 아무런 조건 없이 있는 그대로의 제주의 모습을 넉넉한 마음으로 받아들일 때 우리의 내면은 김영갑을 닮아갈 것이다. 각종 개발과 건설로 인해 자연과 공동체가 파괴되는 작금의 제주에서 그가 유독 그리운 이유다.

한라산 꼭대기에 올라 귀 기울여보라/ 제주에서는 바람도 파도소리를 낼 줄 안다/ 여기는 천상에 속한 나라/ 누구든 이곳에 오려거든/ 무기를 버리고 오라/ 나는 재앙이 아니라 평화를 노래하기 위해 세상에 왔다/ 바람이 노래하는/ 이 장엄한 하늘이 바다고 바다가 하늘이다

〈바람의 노래〉, 정희성

♥김영갑갤러리두모악 : 서귀포시 성산읍 삼달로 137 (064.784.9907)
♥관람시간 : 봄 (3~6월) 09:30~18:00 / 여름 (7~8월) 09:30~19:00
가을 (9~10월) 09:30~18:00 / 겨울 (11~2월) 09:30~17:00
(매주 수요일 휴관)
♥관람료 : 어른 3000원, 어린이 1000원, 7세 미만 / 장애인 무료

이중섭
미술관

● 서귀포를 품은 고방(庫房)

같은 제주여도 서귀포는 내게 남달랐던 것 같다. 외가댁이 제주시
에 있어 어릴 적부터 집안행사가 있을 때면 제주에 와도 늘 북제주
권역에만 머물다 가곤 했다. 어쩌다 친척들이 관광시켜준다고 서
귀포로 데려가면 이국적인 풍광이 펼쳐져 그제야 진짜 관광객이
된 것처럼 마냥 기분이 들뜨곤 했다.

북제주에서는 매서운 비바람이 불어 두툼한 외투로 중무장하고
길을 나섰는데 서귀포에 도착하니 바람 한 점 없이 맑은 날씨여서
반팔차림으로 돌아다닌 적도 많다. 그래서 그런지 감귤도 서귀포
감귤이 훨씬 맛있다. 사실 육지 사람들에겐 예전에 북제주라 불렀
던 제주시나 서귀포나 다 같은 섬이고 하루에도 몇 차례 왕복할 수
있는 동네로 여겨질 법하지만 제주 토박이에겐 어림없는 얘기다.
제주와 서귀포를 잇는 지방도 1131선(5.16도로)가 개통되지 않았을

때 제주도민들에게 제주 ~ 서귀포의 체감거리는 서울 ~ 부산 못지 않은 원거리였다. 제법 여러 구간의 종단도로가 개설되어 고작해야 한 시간 남짓 거리임에도 제주민이 느끼는 제주 ~ 서귀포의 심리적 거리는 여전히 멀기만 하다. 아마 온갖 편의시설이 제주시로 집중되는 바람에 벌어진 지역적 격차 때문일 것이다.

천지연폭포, 정방폭포, 천제연 폭포..예전부터 관광지로서의 제주하면 항상 폭포를 떠올렸던 것 같다. 부모님의 신혼여행 사진부터 어린 시절 제주에서 찍은 흑백 가족여행 사진, 졸업여행때 동기들과 찍은 단체사진에는 어김없이 폭포가 병풍처럼 드리워져 있다. 1970~90년대 초반까지는 제주 여행에서 폭포배경 사진은 경주 불국사 청운교 백운교 포토존처럼 필수였다. 최근 뒤늦게 명소가 된 엉또폭포까지 포함해 서귀포는 제주의 모든 폭포를 끌어안고 있다. 올레길 중 사람들이 가장 많이 찾는 코스가 왜 서귀포와 중문을 잇는 6,7코스인지 알만한 대목이다.

언제부터인가 서귀포에서 폭포와 올레길 외에 사람들이 가장 많이 찾는 곳이 바로 이중섭 거리가 아닌가 싶다. 이제 이중섭미술관과 옛 거주지, 이중섭 거리가 없는 서귀포는 상상할 수 없을 정도다. 피난 중이던 이중섭 가족에게 보금자리를 제공하고 품어줬던 서귀포시에게 작가는 사후 인문학적·예술적 향취를 덧입혀 보답한 셈이다. 단순한 예술가가 아니라 시대의 격변기에 한 인간이 남긴 발자취를 따라 길을 걷다 보면 그의 삶의 무게와 고뇌, 그

척박한 조건에도 꽃피웠던 가족애와 그에 못지않았던 예술적 욕망이 고스란히 전해진다. 서귀포 이중섭 거리와 이어진 유토피아로는 바다, 섬, 폭포 등의 서귀포 절경과 이어져 지루할 틈이 없다.

● 전쟁이 삼킨 예술가들

예술가에게 있어 그가 처한 환경은 예술세계에 많은 변수를 제공한다. 이는 작품의 내용이나 재료, 크기 등 형식은 물론 작가의 삶 자체에도 큰 영향을 미친다. 한국 근현대사에서 가장 큰 재앙은 단연코 한국전쟁일 것이다. 한국전쟁은 평범한 서민들뿐 아니라 일제강점기에도 별 탈 없었던 엘리트들과 예술인들을 마구잡이로 집어삼켰다. 3년간 이어진 전쟁으로 인해 예술가들의 예술활동이 중지된 것은 물론 많은 작품들이 유실되고 인재들도 스러져갔다.

18세가 되던 1928년, 조선미술전람회에 첫 출품한 작품이 입선하면서 일본신문에 '조선의 천재소년'이라 실린 이인성은 한국전쟁 때문에 '요절화가'가 되어버렸다. 전쟁이 한창이던 1950년, 술에 취해 귀가하던 중 검문하던 경찰관과 시비가 붙어 집까지 쫓아온 경찰에게 총을 맞고 사망했을 때, 그의 나이 고작 39세였다.

일본 제국미술학교 출신으로 일본 유명 전람회에서 연이어 입선하면서 두각을 나타냈고 해방 후 민족과 역사를 주제로 한 군상 연작을 발표해 화단을 뒤흔들었던 이쾌대(1913~1965). 그 역시 한국전쟁으로 인해 한동안 미술사에서 지워진 화가였다. 전쟁때 북한 인민군에 가담했다가 부산 포로수용소에 수감된 후 포로교환을 할 때 북한을 택했기 때문이다.

예술가는 아니지만 한국의 토종나비 채집과 연구에 일생을 바쳐 '한국의 파브르'로 불리는 곤충학자 석주명도 시대를 잘못 타고 난 불우한 인재다. 1950년 전쟁통에 길을 걷다 술 취한 군인과 시비가 붙어 실랑이를 벌이던 중 인민군으로 몰려 총을 맞고 살해당했다. 향년 42세. 그가 1940년에 펴낸《조선산 나비총목록》은 영국 왕립학회 도서관에 소장되었다. 그는 제주와도 각별한 인연이 있었는데, 2년 동안 나비채집을 위해 머물렀던 제주에 매료되어 제주 방언 및 문화, 자연에 관한《제주도 총서》여섯 권을 집필한 제주 학자이기도 했다. 오늘날 제주가 봄이면 유채꽃 물결로 뒤덮여 장관을 이룬 건 일본에서 유채꽃 종자를 들여온 그의 덕택이다.

모두 '시대의 천재'라는 타이틀이 따라다닌 이들은 자신의 재능을 채 피우기도 전에 전쟁의 화마에 휩쓸려간 희생양인 셈이다. 그나마 이중섭(1916~1956)은 전쟁이 끝나고 이인성, 석주명보다 고작 몇 년 더 살았지만 결국 가난과 이산의 아픔, 영양실조 등 전쟁 후유증을 버틸 재간이 없었다.

한국전쟁은 개인 뿐 아니라 가족 구성원 전체의 생존과 가정의 유지를 그 어떤 것보다 절박한 문제로 부각시켰다. 수많은 가족들이 전쟁의 참화 속에 흩어지고 죽음을 맞이하고 가정이 해체되었다.

이중섭도 전쟁의 포화를 피해 가족과 함께 피난을 떠났다. 1950년 12월 6일 아내(야마모토 마사코, 한국명 이남덕. 1921~)와 두 아들과 함께 해군 함정에 몸을 싣고 원산을 떠날 때만 해도 길어야 석 달이면 돌아올 줄 알고 간단한 짐만 챙겼다. 하지만 고향과 그곳에 두고 온 어머니와의 영원한 이별이 되어버렸다. 그는 통영, 제주, 부산을 전전하다가 결국 가족을 모두 일본으로 떠나보낸 후 홀로 남았다. 부산, 대구, 서울 등지에서 열심히 작품활동도 하며 전시회도 열었지만 이중섭은 그 어디에서도 희망과 비전을 찾을 수 없었다. 평안남도 부유한 지주 집안에서 태어나 일본 유학을 다녀오는 등 엘리트 코스만 밟으며 살아가던 그에게는 참기 힘든 고통이었을 것이다.

한없이 궁핍했지만 1년여 남짓 머무른 제주는 그와 가족을 넉넉한 품으로 보듬어주었다. 섬은 그에게 작품 소재가 될 천혜의 경치와 바다에서 나는 먹거리를 무한제공해주었다. 무엇보다도 그에게는 가족이 있었다. 그와 가족은 제주생활을 끝으로 다시는 모여 살 수 없었고 그 누구도 돌아오지 못했지만 제주는 그를 잊지 않았다.

1997년 서귀포에 이중섭 거리를 만들고 이중섭 거주지를 복원했다. 2002년에는 이중섭미술관이 개관했고 그가 가족들과 산책했던 길이 닦이며 이중섭은 신화가 되었다. 사람들은 이중섭이 가족과 함께 걸었을 것이라 짐작되는 길에 서귀포의 유명 관광지, 올레 6코스를 접목해 '작가의 산책길' '서귀포 유토피아로' 라고 이름지었다.

격동의 한국 근현대사와 맥락을 같이한 근현대미술사에서 이중섭의 위치는 독보적이다. 하지만 세상 사람들은 화가 이중섭과 그의 예술적 성취보다 한 여자의 남편으로, 또는 두 아들의 아버지로 그를 소환한다. 개발과 성장이란 늪에 빠져 가족 해체와 존속 살해가 이어지는 요즘 사람들은 '가족 사랑' '자상한 아버지'의 대명사로 이중섭을 끊임없이 호출하고 있는지 모른다.

불행한 개인사는 사람들이 끊임없이 그를 찾아가게 만드는 주된 동력이 되는 것 같다. 한국에서 반 고흐 같은 인물을 들라면 단연코 이중섭일 것이다. 그의 생애를 다룬 연극과 드라마, 다큐 그리고 서적들이 오래 전부터 선보여 왔기에 이중섭의 생애를 여기에서 풀어놓는다는 것은 동어반복 외에 별 의미가 없을 것 같다.

1970년대 중반에 이중섭에 관한 극영화가 만들어졌는데, 배우 박근형 씨가 이중섭으로, 이효춘 씨가 아내 역을 맡았다. 영화는 못봤지만 훌륭한 캐스팅인 것 같다. 배우 백윤식과 김갑수도 각각 드라마와 연극 무대에서 이중섭 역을 맡은 적 있다. 이처럼 연기와 외모 모두 뛰어난 당대 최고의 배우들에게 이중섭 역할을 맡긴 것은 그만한 이유가 있을 것이다. 키가 크고 훤칠한 미남인 데다가 보들레르와 릴케의 시를 즐겨 암송했고 당시로선 파격적인 일본여성과의 국제결혼까지 감행했던 부잣집 유학생에서 영양실조

1. 이중섭 옛집에서 바라본 이중섭미술관 2. 이중섭 공원에 있는 김범수 작가의 작품〈이중섭의 꿈〉
3. 서귀포 주민 송태연을 그린〈송태연의 초상화〉
4. 이중섭 가족이 머무르던 서귀포 집. 이곳에는 당시 집주인이었던 김순복 여사가 여전히 거주하고 있다.
5. 이중섭의 은지화〈게와 가족〉 6. 이중섭 일가가 머물던 방

1. 이중섭 문화의 거리, 송재경의 〈길 떠나는 가족〉
2. 이중섭이 남긴 유일한 유품인 팔레트. 이남덕 여사가 2012년 이중섭미술관에 기증했다.
3. 자구리 해안에 설치된 정미진 작가의 작품 〈게와 아이들〉. 스케치하는 이중섭의 손을 모티프로 만들었다.

2   3

와 정신질환으로 세상을 떠난 무연고 노숙인까지.. 한 사람의 일생이라곤 믿기 어려운 작가의 인생 역정은 넓은 연기 스펙트럼을 지닌 배우만이 소화할 수 있었을 것이다.

이중섭미술관에서 소암기념관까지 4.9km에 이르는 '작가의 산책길' 은 "서귀포에서 태어나거나 서귀포를 사랑하며 살아갔던 예술가들의 삶과 발자취를 더듬는 산책길" 을 테마로 한 길이다. 하지만 애초에 이중섭을 염두에 두고 만들어진 만큼 모든 풍경은 이중섭을 기념하는 방식이다. 이중섭은 분명 지구에서 하나밖에 없는 존재일 텐데 이중섭 거주지와 미술관으로 이어지는 산책길에서 우리는 다양한 재료로 복제된 '이중섭들' 을 만날 수 있다.

우선 미술관과 거주지 근처에서 세 명의 이중섭을 만난다. 이중섭공원에 있는 김범수 작가의 〈이중섭의 꿈〉, 이중섭 문화의 거리에 있는 송재경의 〈길 떠나는 가족〉, 그리고 미술관 오른편에 있는 석상으로 된 부조를 통해서다. 그중 청동좌상으로 만들어진 〈이중섭의 꿈〉이 여행객들이 가장 즐겨찾는 포토존이다. 앉아 있는 이중섭의 손에 들려 있는 작은 종이는 담배를 쌌던 은박지일 것이다. 한국전쟁때 국민복이나 마찬가지였던 물들인 군용 야전점퍼와 군화를 신은 모습에서도 시대의 곤궁함이 느껴진다. 뭔가를 그리려고 골똘히 관찰하는 듯한 작가의 곁에 앉아 젊은 여행객들이 '브이' 자를 그리며 사진 찍고 떠나기를 반복한다. '서귀포의 홍대앞' 으로 불리는 이중섭 문화의 거리에는 그림 속에서 막 튀어나온 듯한 소, 물고기, 꽃, 아이들, 새 등 오브제들이 주변을 수놓고 있다. 이곳에서는 아기자기한 창작 스튜디오, 공예공방, 갤러리, 카페 등이 즐비하고 매월 넷째 주 주말에는 예술시장이 열린다.

이중섭과 그의 가족들이 끼니를 해결하려고 게나 고등을 잡던 자구리 해안 산책길에는 스케치하는 작가의 거대한 손이 파편화되어 '작가의 산책길'의 대미를 장식한다. 하지만 이 모든 시설물 중 핵심을 이뤄야 할 이중섭미술관 내부로 들어오면 왠지 허전하다. 소장작품 중 진품은 은지화(담뱃값 속 은박지에 그린 그림)처럼 작은 사이즈가 대부분이고 유화의 경우도 대부분 복제품이라 그럴지도 모른다. 1층 전시실에서 만난 종이 속 〈자화상〉(1955)으로 남은 대향(이중섭의 호)의 연필 자화상은 물론 서귀포에 살면서 그렸던 〈서귀포의 추억〉〈섶섬이 보이는 풍경〉도 모두 복제품이다.

처음 개관했을 때는 명색이 이중섭미술관이었음에도 작가의 작품 한 점 없이 온통 인쇄물만 전시되었다고 한다. 그때 대향의 작품은 이미 천정부지로 값이 오른 후였고, 그림을 기증하는 사람도 없었기 때문이다. 미술관만 덩그러니 지어놓고 막상 그 안을 채울 내용이 없는 것을 안타까워한 작가의 지인들과 미술계 인사들이 은지화, 소묘 등을 기증해 그나마 이 정도의 구색을 갖추었다.

대향은 죽기 전까지 300여 점의 은지화를 남겼다. 은지화는 전쟁과 피난으로 점철된 곤궁한 시대적 상황이 탄생시킨 새로운 장르다. 그림도구를 살 여력이 없던 그는 손바닥만한 담배 포장 은박지에 자연 속에서 신나게 뛰노는 아이들의 모습을 새겼다. 궁핍함이 낳은 재료였지만 작가의 상상력마저 가둘 수는 없었다. 미술평론가 최열은 이중섭의 은지화를 "인류 역사상 가장 짧은 기간 동안 가장 많은 피해를 낳은 미증유의 전쟁과 그 전쟁의 피해자인 난민 화가가 창조했다는 사실만으로도 그 역사적 가치가 높다"[22]고 평가했다. 은지화는 한국인 화가 작품 가운데 유일하게 MOMA(뉴욕현대미술관)에 소장된 작품이기도 하다. 그야말로 전쟁의 폐허에서 탄생한 새로운 미학이다.

편지화 또한 그리움으로 점철된 대향의 고단한 삶을 반영한다. 아내와 두 아들에게 보내는 사랑의 편지는 그림과 글씨가 조화를 이루어 한 편의 시화를 방불케 한다. 시서화에 모두 능했던 옛 선비들의 품격도 느껴진다. 글에 다 담을 수 없는 말들은 귀퉁이의 그림으로 남았는데 그 어떤 언어보다도 더 절절한 슬픔과 고독이 묻어난다. 이중섭은 편지에서 사랑 표현을 아끼지 않았다. "역사상에 나타난 애정의 전부를 합치더라도 우리가 서로 사랑한 것에는 비교가 되지 않을 거요."(이중섭이 아내에게 보낸 편지 중에서)

전시장 한켠 유리케이스에는 2012년 이중섭미술관 방문차 서귀포를 찾은 이중섭의 아내 이남덕 여사가 고이 간직했다가 기증한 작가의 팔레트가 놓여 있다. 작가가 일본 전람회에서 특별상을 탔을

---

22 최열, 《이중섭 평전 - 신화가 된 화가, 그 진실을 찾아서》 2015, 돌베개

때 받았던 상품이었다고 한다. 휠체어를 타고 제주공항에 도착한, 당시 92세의 여사는 옛 거주지를 들러보며 "이런 때가 있었구나" 하며 눈시울을 붉혔다. 대향은 다시 돌아오지 못했지만 아내는 노인이 되어서 현해탄을 건너 몇 차례 서귀포 옛집을 찾을 수 있었다. 이남덕 여사는 1997년 생가복원 행사와 2002년 이중섭미술관 설립 시, 2012년 팔레트 기증식 때 각각 방문했다.

전시장 내에는 이중섭이 서귀포 주민들과 교류한 흔적을 보여주는 〈송태연의 초상화〉(1951)라는 그림 한 점이 있는데, 종이에 연필로 그린 초상화다. 송태연은 한국전쟁때 참전했다가 전사한 서귀포 주민인데 그 가족들로부터 보리쌀과 고구마를 제공받아 끼니를 이은 작가가 보답으로 그려준 것이라고 한다.

미술관 바로 밑에는 대향이 살던 옛집을 복원해놓았다. 한 평도 안 되는 작은 고방(庫房, 조그만 창고방으로, '광'과 같은 뜻)은 그야말로 방이라기보다 '관'처럼 보였다. 거기서 네 식구가 기거했다. 문 앞에서 방의 크기를 처음 확인한 순간 부부는 얼마나 망연자실했을까. 하지만 가족들이 온전한 형태로 함께했던 11개월이었기에 행복의 크기는 방의 크기와 머무른 시간에 반비례했을 것이다.

　서귀포 언덕 위 초가 한 채
　귀퉁이 고방을 얻어
　아고리와 발가락군[23]은 아이들을 키우며 살았다

두 사람이 누우면 꽉 찰,

방보다는 차라리 관에 가까운 그 방에서

게와 조개를 잡아먹으며 살았다

아이들이 해변에서 묻혀 온 모래알이 버석거려도

밤이면 식구들의 살을 부드럽게 끌어안아

조개껍데기처럼 입을 다물던 방,

게를 삶아 먹은 게 미안해 게를 그리는 아고리와

소라 껍데기를 그릇 삼아 상을 차리는 발가락군이

서로의 몸을 끌어안던 석회질의 방,

방이 너무 좁아서 그들은

하늘로 가는 사다리를 높이 가질 수 있었다

꿈속에서나 그림 속에서

아이들은 새를 타고 날아다니고

복숭아는 마치 하늘의 것처럼 탐스러웠다

총소리도 거기까지는 따라오지 못했다

섶섬이 보이는 이 마당에 서서

서러운 햇빛에 눈부셔한 날 많았더라도

은박지 속의 바다와 하늘,

게와 물고기는 아이들과 해질 때까지 놀았다

---

23 이중섭과 그의 아내가 서로를 부르던 별명.

게가 아이의 잠지를 물고

아이는 물고기의 꼬리를 잡고

물고기는 아고리의 손에서 파닥거리던 바닷가,

그 행복조차 길지 못하리란 걸

아고리와 발가락군은 알지 못한 채 살았다

빈 조개껍데기에 세 든 소라게처럼

- 나희덕, 〈섶섬이 보이는 방〉

2016년 이중섭 탄생 100주년을 맞이하여 국립현대미술관 등 곳곳
에서 대향을 기리는 행사가 잇따랐다. 이제는 그에게 다소 과도하
게 드리워진 '가족사랑' '비운의 천재화가'란 무게를 걷어내고 작
가 이중섭에 대한 평가가 차분하고 진지하게 이루어져야 할 것 같
다. 도쿄대학 경제대 서경식 교수는 이중섭을 '난민 화가'로 표현
하며 은지화가 최악의 시대상황에서 꽃피운 최적의 예술행위였음
을 주목한다. "예술은 진실의 힘이 비바람을 이긴 기록이다"고 했
던 작가가 남긴 어록과도 일맥상통하는 부분이다.

"이중섭은 말하자면 '난민 화가'다. 모든 걸 잃고 '난민'이 되어
서도 그림을 계속 그렸다. 도대체 무엇을 위해선가. 애초에 인간
이란 존재에게 예술이라는 행위는 무슨 의미가 있을까. 그런 의문
에 사로잡히게 만드는 존재가 이중섭이다. '난민'이 된 화가가 극
도의 빈궁 속에서 담배 포장 은박지에 못으로 눌러 그린 그림. 얼

마나 보잘것없고 초라한가. 하지만 그 세계는 친밀하고 에로스로 가득 차고 유머도 있다. 가만히 보고 있으면 어렴풋이 광기를 띤 구극의 유토피아상이라고도 할 수 있는게 떠오른다." [24]

대향이 떠돌았던 그때나 지금이나 세계에 난민이 넘쳐난다. 여전히 이웃들은 불우하고 우리는 우리 자신이나 그들에게 닥쳐올 불행의 크기를 짐작조차 못한다. 천재지변이나 내전으로 목숨 걸고 지중해를 부유하는 난민들이 있는가 하면 세월호같은 전대미문의 사건으로 인해 집으로 가지 못하고 광화문과 팽목항을 떠도는 '유가족' 이라는 이름의 난민도 있다. 이중섭과 시리아 난민들 그리고 세월호 유가족들의 고통을 공감한다는 것에 과연 '차이' 라는 게 존재할까. 참담한 고통을 당하는 이웃들을 조롱하지 않고 그들의 고난에 동참할 수 있다면 세상은 아직 견딜만한 곳일지도 모른다.

♥ 이중섭미술관 : 서귀포시 이중섭로 27-3 (064.760.3567)
♥ 관람시간 : 09:00~18:00 (하절기 20:000까지, 월요일 휴관)
♥ 관람료 : 성인 (25~64세) 1000원, 청소년 (13~24세) 500원, 어린이 (7~12세) 300원
6세 이하 / 65세 이상 / 국가유공자 무료

● **기당미술관 : 서귀포가 낳은 폭풍의 화가 변시지**

이중섭 거리에서 내려와 칠십리공원으로 가는 길에 전국 최초의 시립미술관인 기당미술관이 있다. 1987년 7월 1일 개관한 기당미술관은 제주가 고향인 재일교포 사업가 기당(奇堂) 강구범이 설립

24 서경식 〈난민 화가〉《한겨레》 2016년 2월 19일

하여 서귀포시에 기증했다. 미술관 건축은 농촌의 '눌'을 형상화하여 나선형의 동선으로 이루어졌다. 내부로 들어가면 한국의 전통가옥을 연상시키는 천장이 인상적이다. 개관 이후 제주지역 작가뿐 아니라 국내외 작가들의 회화, 조각, 공예, 판화, 서예 등 전 부문에 걸쳐 650여 점을 소장하고 있다.

상설전시실에서는 제주출신 화가 변시지와 기당 강구범 선생의 형인 서예가 강용범의 작품이 관객을 맞이한다. 특히 제주의 바람을 화폭에 끌어담은 폭풍의 화가 변시지는 관람객들이 기당미술관을 찾게 만드는 이유일 것이다. 1926년 서귀포에서 태어난 작가는 6세에 가족과 함께 일본 오사카로 이민을 갔다. 1945년 오사카대학을 졸업한 그는, 당시 일본 최고의 권위를 자랑하던 〈광풍회(光風會)〉와 〈일전(日展)〉에 입선함으로써 재능을 인정받고 화단에서 주목받다가 1948년 제34회 〈광풍회〉전에서 최연소로 최고상을 수상하게 되며, 이듬해에 광풍회 심사위원으로 위촉되는 영광을 누렸다. 하지만 일본에서의 명성을 뒤로하며 중앙화단의 미련을 접고 고향 제주로 돌아온 게 1975년. 49세에 다시 시작한 제주 생활은 고독과 외로움으로 점철되었나 보다. 일본에서 따뜻한 감성의 인물화를 주로 그렸던 그의 화풍은 극적인 변화를 겪었다.

제주의 자연을 물들인 수많은 색을 마다하고 작가가 마침내 찾아낸 제주의 색은 황토빛 바탕에 검은 선획으로만 이루어졌다. 이를 통해 화려한 관광지가 아닌 슬픔과 역사적 아픔이 공존하는 제주의 속내를 표현했다. 특히 〈폭풍시리즈〉에 반복적으로 등장하는 구부정한 사내와 유일한 동반자인 조랑말은 풍랑이 이는 거친 제주바다와 함께 인생의 고달픔을 온몸으로 전하고 있다. 이처럼 절제된 색과 인물, 동물들을 통해 획득한 조형미는 오히려 관객들로 하여금 감정의 폭을 극대화시키며 제주의 정서를 녹여낸다. 수묵화를 연상케 하는 변시지만의 독특한 작품세계는 해외 화단에서도 인정받아 한국 작가로는 유일하게 미국 스미소니언뮤지엄에 작품 2점이 상설전시되어 있다.

♥ 기당미술관 : 서귀포시 남성중로 153번길 15 (064.733.1586)
♥ 관람시간 : 09:00~18:00 (7~9월 : 09:00~20:00), 화요일 휴관
♥ 관람료 : 성인 400원, 청소년 / 군인 300원, 어린이 150원

● **왈종미술관 : 정방폭포 앞에서 맛보는 제주생활의 중도**

서귀포에서 가장 유명한 관광지 중 하나인 정방폭포 앞에 언제부터인가 거대한 찻잔 같은 둥근 형태의 독특한 미술관이 등장했다. 스위스 건축가 다비드 머큘러(David Macculo)와 국내 건축가 한만원이 공동설계해 2013년 개관한 이 미술관은 '왈종미술관'으로, 이왈종 화백의 작품을 전시하고 있다. 미술관 1층에는 수장고와 도예실, 어린이 미술교육실이 있고 2층에는 그의 회화와 도예작품을 모은 전시실로 꾸미고 3층은 작업공간이다.

경기도 화성 출신인 이 화백은 원래 제주와 연고가 없었다. 1989

년 추계예술대 학과장을 맡으며 교수직에 회의를 느껴 서울을 떠나 제주에 정착한 작가는 제주에서의 삶은 일상 뿐 아니라 화풍에도 많은 변화를 일으켰다. 1990년대 중반 이후 화면을 벽화처럼 희뿌연 분위기로 채색한 후 표면을 긁어 다양한 질감을 표현한 '제주생활의 중도(中道)'라는 연작을 지속하고 있다.

제주의 자연을 소재로 꽃과 나무, 새, 개, 초가, 돌담 등의 오브제를 통해 제주의 정취를 담아내는 동시에 자동차, 텔레비전은 물론 골프 치는 장면도 등장시켰다. 원근법을 무시하고 부감법을 이용해 하나의 공간에 여러 사물을 가득 채워 다분히 평면적이고 초현실적인 느낌이다. 화려한 색감을 지닌 조형성은 다분히 현대적이지만 작품 곳곳에 드러난 정서와 해학성은 조선시대의 민화를 연상시킨다. 특히 제주 핀크스골프장에 걸 그림을 주문받으면서 그리기 시작한 골프 그림은 이후 전국 골프장과 호텔에서 주문이 쇄도해 이제 웬만한 리조트에서 그의 그림을 심심치 않게 발견할 수 있다.

미술관 건물은 언덕 위에 지어져 2층 내부와 옥상 테라스에서 서귀포 바다가 펼쳐진다. 작가가 공들여 꾸민 미술관 앞 옥외정원도 여행객의 발길을 붙잡기에 충분할 정도로 아름답다. 어느새 작가의 행복한 제주생활이 전염된 듯 한껏 고무된 기분으로 미술관 문을 나서게 된다.

♥ 왈종미술관 : 서귀포시 칠십리로 214번길 30 (064.763.3600)
♥ 관람시간 : 하절기 (4~8월) 09:30~18:30 / 동절기 (9~3월) 10:00~18:00
♥ 관람료 : 성인 5000원, 청소년 / 어린이 3000원, 7세 이하 / 장애인 무료

1,2. 기당미술관 3. 폭풍의 화가 변시지 작가의 작품
4. 왈종미술관 5. 이왈종 화백은 제주의 자연을 소재로 꽃과 나무, 새, 개, 초가, 돌담 등의 오브제를 통해
제주의 정취를 담아내는 동시에 자동차, 텔레비전, 골프 치는 장면도 종종 등장시킨다.

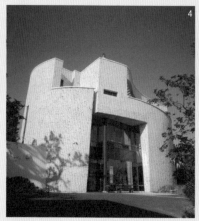

Part 5

미술을
품은 마을

애월초등학교 더럭분교

언제부터인가 지방자치단체 주도로 전국 곳곳에 생태마을, 벽화마을, 전통마을, 민속마을 등 셀 수 없이 많은 마을들이 만들어지기 시작했다. 이는 21세기 들어 1,2차 산업의 쇠퇴로 인해 지역의 고유한 문화자원을 활용하여 지역경쟁력을 강화하는 지구촌 도시재생산업과도 맥락을 같이 한다. 일찍이 요셉 보이스는 1982년 카셀도큐멘타에서 7천 그루의 떡갈나무를 심는 퍼포먼스를 벌이며 "모든 사람이 예술가다"라고 천명한 바 있다. 예술은 미술관 안에서만 존재하는 것이 아니라 사람들의 사회적 소통과 참여를 통해 창작행위를 이끌어내 누구나 창조의 즐거움을 느끼고 삶의 질을 높인다는 이야기다.

전 세계인들이 즐겨찾는 스페인 빌바오 구겐하임, 영국 테이트 모던, 프랑스 퐁피두센터 등의 사례는 문화공간의 도입이 낙후된 지역사회에 어떠한 영향을 미쳤는지 알게 해준다. 2015년 터너상 수상자로 18명의 20대 건축가와 디자이너들이 모인 '어셈블(Assemble)'이 선정됐다. 이들은 지역주민들과 함께 쇠락해가는 공공주택 단지를 가꾸고 살려냈다. 개인이 아닌 단체가 터너상을 수상한 것은 31년 역사상 처음이었다. 니콜라 부리오는 "캔버스에 칠하거나 청동으로 조각하는 예술의 시대는 끝났고 1990년대 이후 인간과 인간 사이의 관계를 만드는 새로운 시대가 왔다"고 했다.

'마을만들기'는 말 그대로 마을을 만든다는 뜻이다. 예전에 우리 나라에도 관에서 주도하는 '새마을운동'이라는 마을만들기 프로 젝트가 있었다. 하지만 새마을운동처럼 마을에 이미 존재했던 좋은 것들까지 허물고 처음부터 다시 만드는 것이 아니라, 기존의 마을을 유지하며 전과는 새로운 내용과 형식으로 꾸민다는 것이다. 물론 정부의 적극적이고 지속적인 지원도 중요하지만 마을에서 나고 자란 지역주민이 주도해야 하며 그저 눈에 보기 좋은 마을 조성 차원이 아닌 최종성과물의 수혜자가 주민이 되어야 한다. 하지만 주민들의 호응도 이득도 없고 이벤트로 귀결되는 예가 비일비재한데, 최근에는 '젠트리피케이션' 문제도 심각하게 대두되고 있다. 결국 '마을만들기는 사람만들기'다. 사람과 사람이 서로 연대하고 이해하여 사업수행 과정에서 발생하는 갈등을 해소하고 주민들과 외지인 모두 상생할 수 있는 새로운 길을 찾아가는 것이 마을만들기의 기본이 되어야 할 것이다.

최근 10여 년간 제주에도 급격히 쇠락해가던 마을이 예술의 힘으로 인해 사람들이 다시 모여들고 부흥기를 맞고 있다. 육지에서 작업하던 예술가들이 제주의 한적한 바닷가 마을로 하나둘씩 들어와 자리를 잡기 시작했는데, 이들이 마을의 일상과 함께하며 무미건조한 마을을 생기발랄하게 바꿔놓고 있다. 쇠락해가는 동네를 그저 바라만 보고 있던 주민들도 적극적으로 나섰다. 마을의 흉물처럼 놓여 있던 빈 집들은 작업공간이 되었고 가난한 작가들에게는 일자리 창출의 밑천이 되었다.

예술마을은 거창한 프로젝트가 아니다. 불리한 조건을 극복하기 위해 마련한 대안이 뜻밖의 결과로 탈바꿈하는 예도 있다. 폐교 직전에 놓인 못난 학교 건물에 색깔을 얹었더니 지역의 명소가 되어 관람객들과 이주민들이 몰려들고 마을에 활력이 돌았다.

옛 것과 새 것이 한데 어우러져 풍요로운 삶으로 이어진 미술마을을 돌아보자.

제주
현대미술관과
저지예술인마을

● 놀멍쉬멍 미술마을 걷기

5월의 푸르름이 제주 전역을 감쌌던 어느 봄날. 예술인마을로 유
명한 제주 서쪽 한경면 저지리를 찾아가는 길은 오솔길 산책로처
럼 싱그럽기 그지없었다. 저지오름을 끼고 형성된 저지리는 약
400여 년의 역사를 지닌 마을이다. 올레 13코스 종점이며, 14코스,
14-1코스의 출발점이 되는 마을이기도 하다.

저지리사무소에서 동남쪽으로 약 4km 떨어진 곳에 위치한 예술
인마을은 1999년에 조성되었다. 제주 예술마을 1호인 셈이다. 지
금은 저지리에 '예술마을'이라는 명칭이 자연스럽게 따라붙고,
주변에 유리의 성, 생각하는 정원 등 유명한 관광지가 있어 관광객
들이 많이 거쳐가지만 1990년대까지만 해도 해발 120m 고지에 조
성된 중산간 마을을 일부러 찾는 사람은 거의 없었을 것이다. 설
상가상으로 IMF로 인해 지역경제가 침체되어 있던 참에 마을만들

기를 통해 지역공동체를 활성화하고 삶의 질을 향상시키기 위해 주민들이 팔 걷고 나선 것이다. 당시 북제주군에서 기반시설 공사만 해주고 전국 각지의 예술가들이 땅을 사들여 작업실을 짓는 방식이었다. 그리하여 제주현대미술관을 중심으로 약 3만평(9만 9,383㎡)에 걸친 약 15개 장르의 문화예술인들의 창작활동 전유공간이 탄생한 것이다. 처음에는 작가 20여 명이 작업실을 짓고 입주했는데 현재는 38명의 예술가들이 머무는 예술인 촌락이나 마찬가지다. 파주의 헤이리처럼 회화, 서예, 사진, 조각 등 여러 작가의 작업실 겸 저택이 이웃해 있다.

● 예술마을 속 문화의 전당

제주현대미술관

문화예술인마을의 구심점인 제주현대미술관은 2007년 9월에 개관했는데 현상공모로 선정된 김석윤 건축가의 작품이다. 당시만 해도 제주시 최초의 공립미술관이었는데 2009년 한국건축가협회상도 수상했다. 개별적인 미술관이라기보다는 1,000여 명이 동시관람할 수 있는 야외공연장과 조각공원을 품은 복합문화공간이다. 미술관 외벽은 제주 현무암으로 이루어져 있다. 멀리서 얼핏 봤을 때는 외벽을 목조로 장식한줄 알았는데 석재를 얇게 잘라 켜켜이 쌓은 구조였다. 접근로에 들어서면 건물 위로 철골로 된 사람

형상의 설치작품이 놓여 있다. 마치 관람객들을 향해 손을 내미는 인상을 주는 이 작품의 제목은 '안녕하십니까' 다. 본관에 들어서면 서양화의 원색과 한국화의 선을 접목시켜 자신만의 조형언어를 탄생시킨 김홍수 화백의 특별전시실을 만나게 된다. 김홍수 화백은 제주현대미술관에 가장 많은 작품을 기증한 작가이다.

기획전시실에서는 저지문화예술인마을 입주작가 초대전과 지역네트워크 교류전 및 제주현대미술관 창작스튜디오 입주작가들의 전시가 열린다. 중국현대미술 작가이자 예술인마을 입주민인 평쩡지에도 이곳에서 기획초대전을 열었다 .

미술관 관람이 끝나고 뒷문으로 나서면 어린이조각공원이 펼쳐지는데, 꽃과 야생동물의 몸통을 합성시킨 안윤모 작가의 작품으로 꾸며져 있다. 제주현대미술관으로부터 시작하여 약 3km에 달하는 예술길에는 어린이 조각공원, 야외공연장, 은행나무길, 벚나무길 등 다양한 테마의 산책로가 마련되어 있다. 미술관 왼편으로 잘 조성된 산책길을 따라가면 예술인마을을 둘러볼 수 있다. 넉넉하게 한 시간 남짓한 코스인데, 입구에 작가들의 이름과 스튜디오 위치를 표시된 안내판이 세워져 있어 산책에 도움을 준다. 몇 년 전부터 전 세계 경매시장을 뜨겁게 달구고 있는 한국식 추상미술인 단색화의 거장 박서보의 스튜디오와 초점이 맞지 않는 여인들의 초상으로 유명한 중국인 화가 펑쩡지에의 작업실이 마주 보며 나란히 위치해 있다. 이층 한옥집으로 이루어져 예술인마을에서 유독 눈에 띠는 선장헌은 'TV 진품명품'의 감정위원으로 알려진 제주출신 고미술감정가 양의숙 씨 집이다. 작가들의 개성만큼이나 각양각색인 건축물들과 정원, 표석 등은 각 작가들의 인장역할을 한다. 간혹 미술관을 겸하고 있어 개방된 작업실도 있지만 대부분은 굳게 잠겨 있어 밖에서 외관만 훑어보는 것으로 만족해야 한다. 예술인마을을 거닐다가 작업하고 있는 작가의 모습을 볼 수 있는 것은 운에 맡겨야 할 것 같다.

녹지에 조성된 한적한 저지예술인마을을 돌다 보면 마음이 평온해지지만 아쉬운 점도 눈에 들어온다. 명색이 예술인마을인데도 미술관 구경 온 몇몇 관람객들 외에 마을사람들은 찾아보기 힘들고, 작가들끼리도 서로 교류하며 사는지 의심스러울 정도로 적막강산이다. 중산간에 위치해 대중교통 이용이 불편해 접근성이 떨어지는 것이 가장 큰 이유일 것이다.

작가의 작업실도 늘 문이 굳게 닫혀 있다. 더군다나 한경면은 전형적인 농촌마을로 60대 이상 고령자가 많은 지역이다. 전원주택이나 다름없는 작가들의 근사한 스튜디오를 보면 평생 농사만 지어온 마을주민들에게 위화감을 주지 않을까 하는 노파심마저 든다. 게다가 예술인마을의 구심점 역할을 하는 현대미술관 내에 아직 교육프로그램이 개설되지 않았다. 어쨌든 저지문화예술인마을 꾸미기 사업은 여전히 현재진행형이다. 2016년 9월에는 '물방울

화가'로 유명한 김창열 화백의 김창열미술관이 개관할 예정이다. 한국전쟁 당시 제주에 1년 6개월 정도 머물렀던 화백이 자신의 작품을 200여 점 기증하면서 저지예술인마을에 자신의 미술관을 건립한다는 제안을 했는데, 마을에서 이를 수용한 것이다. 지역작가들의 작품들을 한군데서 돌아볼 수 있는 전시실도 갖춰질 예정이다. 다음에 찾아올 땐 마을주민들과 입주 예술인들이 한데 어우러져 창작활동을 하는 모습도 보고 싶고 그들과 이야기꽃도 피워봤으면 좋겠다.

♥ 제주현대미술관 : 제주시 한경면 저지14길 35 (064,710,7801)
♥ 관람시간 : 09:00~18:00 (하절기 19:00까지) 매주 수요일 휴관
♥ 관람료 : 성인 1000원, 청소년 / 군인 500원, 어린이 300원

저지예술인마을 주변에는 방림원, 야생초 박물관, 평화박물관, 생각하는 정원 등이 근접해 있다. 저지리를 품고 있는 저지오름은 2007년 아름다운 숲 전국대회에서 대상을 받았다. 오름 정상에 오르면 비양도를 비롯해 수월봉, 산방산 등 제주 서쪽 일대를 한눈에 조망할 수 있다. 명이동에 위치한 환상숲은 도너리오름에서 분출해 흘러내린 용암이 흘러 형성된 곶자왈 지대로 제주 특유의 신비로움을 느낄 수 있는 자연생태공원이다. 탐방 소요시간은 1시간 정도이고, 곶자왈 지질체험, 화분심기, 석부작 만들기 등 다양한 프로그램을 체험할 수 있어 가족단위 나들이객들이 즐겨찾는다.

● **낙천리 아홉굿마을 의자공원 : 아홉굿과 천 개의 의자로 남은 마을**

저지예술인마을에서 빠져나와 포장도로를 달리면 작은 규모의 예술마을이 하나 더 있다. 낙천리 아홉굿마을인데 마을 사람들이 합심해 일종의 공공미술 프로젝트를 일군 곳이다. 낙천리는 350여 년전 제주 최초의 대장간 마을이었다. 각종 철기의 주재료인 점토를 파낸 아홉 개의 구덩이에 물이 고이면서 못이 되었다고 한다. '굿'은 제주어로 샘을 뜻하니 '아홉굿'은 '아홉 개의 샘'이란 뜻이다. 지금은 'good'이라는 영어까지 더해져 '아홉 가지의 좋은 것(good)들이 있는 마을'이란 뜻도 지니고 있단다.

마을에 들어서면 거대한 의자 조형물이 마을의 랜드마크처럼 한눈에 들어온다. 마을사람들이 1,000여 개에 이르는 의자조형물로 의자공원을 만들어 볼거리를 조성했다. 덕분에 예전엔 그냥 지나쳤을 법한 이 마을에 관광객들이 단체사진을 찍고 가는 명소가 되었다.

2003년 농촌테마마을로 선정된 후 마을에 특색을 부여하기 위해 마을에서 어떤 프로젝트를 벌일까 고심하던 중이었다. 마침 누군가가 지나가는 여행객들 편히 쉬어갈 수 있는 의자마을을 만들자는 아이디어를 냈다. 그렇게 시작된 프로젝트는 점차 현실화되었고, 의자 전문가들과 마을사람들이 합심해 2007년부터 2009년에 걸쳐 무려 1,000개의 의자를 만들었다.

모양도 각양각색이다. 클로버 의자, 그네 의자, 지네처럼 꼬리에 꼬리를 무는 의자 등 의자마다 다른 형태와 이름도 지어주었다. '임자가 따로 있나 앉으면 주인이지' '아낌없는 의자' '왜 사냐고 묻거든 앉지요' 등 유머와 재치 넘치는 작명 센스에 웃음이 나온다. 좋은 글귀가 적혀 있는 의자도 있어 여행길에 잠시 곱씹어 보며 사색에 잠길 수 있다. 의자마을에서 가장 큰 것은 입구를 장식한 너비 5m에 높이 16m에 이르는 '다름으로 하나되는 우리' 란 이름의 의자인데 현대미술작가의 설치작품으로 봐도 손색없을 만큼 독창적이다. 매년 이곳에서 주변마을과 함께하는 웃뜨르 문화축제가 열린다.

♥ 제주 아홉굿마을 : 제주시 한경면 낙천리 1916 (064.773.1946)

1. 제주현대미술관 2. 제주현대미술관 분관
3. 복층구조의 전시실에는 다양한 장르와 스케일의 미술작품들이 전시된다. 4. 어린이 조각공원
김흥수 화백 상설전시관 (아래)

'아홉 개의 샘' 이란 뜻의 아홉굿 의자마을
1. 아홉굿 의자마을 입구 2. 저지리 예술마을 내 단색화의 거장 박서보 화백의 스튜디오

1 2

더럭분교와
동복분교

● 마을을 바꾼 색채의 마법

평범한 농촌마을의 작은 초등학교. 점차 학생수가 줄면서 학교는
생기를 잃어가고 폐교 처지에 놓였다. 학교 건물도 오래 되어 칙
칙하기 그지없었다. 그러던 어느 날 이 학교에 마법같은 일이 벌
어졌다. 학교 건물에 형형색색 알록달록한 색깔이 칠해졌다. 학교
가 예뻐졌다는 소문을 듣고 한동안 아무도 거들떠보지 않던 시골
학교에 사람들이 몰리기 시작했다. 사진 찍기 좋은 곳으로 매스컴
에 소개되어 학교 주변에는 여행자의 렌트카들이 줄을 서고 학교
안팎에서 사진 찍는 사람들이 늘어났다. 아이들은 아이들대로 동
화나라 같은 학교에서 공부를 하게 되니 왠지 뿌듯했고 학교가 자
랑스러워졌다. 학교가 유명세를 타자, 학생수가 하나둘씩 늘기 시
작했다. 더불어 학교가 맘에 들어 외지인들이 자녀들을 데리고 이
주해 오면서 학교 담장 너머로 아이들 떠드는 소리가 쉴 새 없이

들려온다. 단지 학교 건물과 담벼락에 페인트 하나 칠했을 뿐인데 아이들과 동네주민의 삶도 덩달아 오색찬란하게 변모되었다.

재투성이 소녀가 요술할머니의 마법에 의해 예쁜 옷으로 갈아입고 인생역전에 성공하는 신데렐라 테마는 인간 뿐 아니라 건물에도 적용되는 것 같다. 제주 공립초등학교인 더럭분교와 동복분교의 사례는 벽에 묻은 페인트가 어떻게 예술로 변했는지 보여준다. 더럭분교는 TV광고를 통해 삽시간에 세상에 널리 알려졌지만, 동복분교는 스마트폰으로 사진을 찍어가고 SNS에 올리는 사람들이 하나둘씩 늘면서 학교를 찾아내는 떠들썩한 대중들의 활동이 예술로 도약한 셈이다. 이제 제주 명소가 되어 여행소개 책자에 빠짐없이 등장하는 두 학교 이야기는 공공미술의 힘을 보여준다.

서구 공공미술의 역사는 40년을 넘었지만 한국의 공공미술은 대략 10년 전부터 본격적으로 실행되었다. 그동안 정부, 지자체, 민간, 예술가집단 등이 주축이 되어 많은 공공미술 프로젝트를 진행해왔다. 공공미술의 목표는 단순히 낙후된 지역을 장식하는 데 그치는 것이 아니라, 지역주민들의 삶의 질을 높이고 지역의 가치를 발굴하고 재창조해내는 데 있다. 무엇보다도 지역주민들이 직접 참여하는 과정이 곧 예술이 된다는 점에서 주민들의 자부심을 높여주고 있다.

지금 소개할 학교들처럼 건물 하나에 국한되지 않고 한 지역 전체를 밝은 색채로 변화시킨 프로젝트는 그 사례가 많다. 네덜란드

미술가 하스와 요한은 2007년부터 남미와 미국의 낙후된 마을 곳곳에 밝은 색채의 페인트 옷을 입히면서 동네에 활기를 북돋워주고 마을주민들에게 희망을 선사했다. 범죄율이 높던 우중충한 마을이 컬러풀한 명소로 바뀌자 소문을 듣고 사람들이 찾아오면서 상점과 음식점이 생기는 등 지역경제도 살아났다.

우리나라에서는 '한국의 산토리니'로 불리는 통영 동피랑 벽화마을과 부산 감천동문화마을을 예로 들 수 있다. 한때 교육, 문화, 경제적으로 낙후되어 아이들과 젊은 사람들이 떠났던 동네가 마을에 생명력을 불어넣는 공공미술 프로젝트로 인해 다시 아이들이 몰리는 곳이 되었다는 점에서 색채의 마법을 확인해볼 수 있다.

● 애월초등학교 더럭분교

낡은 학교건물에 피어난 무지개꿈

육지 사람들은 잘 모르는 사실이지만, 제주도민들의 학구열은 서울 못지않게 높다. 2016학년도 수능만점자 16명 중 1명이 제주출신이었지만 이는 그다지 새로운 일이 아니다. 1980년대 대입학력고사 시절에도 교육의 변방으로 알려졌던 제주출신이 전국 수석을 차지해 온 국민을 놀라게 만들었다. 하지만 제주섬에도 어느새 교육 양극화가 가시화되기 시작했다. 제주의 강남이라 불리는 신제주 지역의 학교들은 학생들이 몰려 과밀화를 겪고 있다. 반면 농촌지역에는 학생들이 해마다 줄어 통폐합이 계속 추진되어 왔다. 이렇게 매년 폐교위기를 겪고 있는 초등학교들로 인해 지역마다 작은 학교 살리기 차원에서 여러 가지 카드를 뽑아 들었는데 그중 하나가 공공미술 지원사업이었다.

제주 서쪽 해안가 곽지과물해변 가기 전에 전형적인 농촌마을 하나가 있다. 그곳의 애월초등학교 더럭분교는 학생수가 점점 줄어 학교가 문을 닫을 상황이었는데, 2011년 모 기업이 제품 광고를 위해 프랑스의 컬러리스트인 장 필립 랑클로(Jean Philippe Lenclos)를 기용하여 '제주도 아이들의 꿈과 희망의 색(色)'을 주제로 건물에 알록달록 색을 입혔다. 죽어가는 사람이 심폐소생술로 인해 회복되듯, 색동옷으로 갈아입은 더럭분교는 우리나라에서 가장 아름다운 학교로 재탄생했다. 당시 폐교 직전이었던 작은 학교가 공공미술 프로젝트를 통해 아름답게 변화되어 가는 모습을 영상으로 구성한 TV 광고는 대중들에게 잔잔한 감동을 주었다. 이로 인해 제주에서 관광지에 속하지도 않고 올레 코스에도 포함되지 않아 외부인의 출입이 뜸한 작은 농촌마을이 이제는 관광명소와 사진작가들의 출사지로 유명세를 치르게 되었다. 몇 년 전만 해도 전체 학생수가 20명 남짓했던 이 학교는 현재 80명 이상의 학생을 거느리며 '분교'라는 명칭이 무색해졌다.

대부분의 공공미술이 정부나 지방자치단체의 지원사업으로 이루어지는데 더럭분교는 대기업의 광고전략에 의해 탄생한 프로젝트라는 점에서 특이하다. 아쉬운 점이 있다면 마을주민들이 직접 참여하지 않고 오로지 전문가의 손에 탄생했다는 점이다. 하지만 이제 더럭분교가 하가리 마을주민들의 공공재원이 된 이상, 지역민들이 잘 가꾸고 유지해야 한다는 책임이 부여된다. 다행히 아직 관리가 잘 되어 그 어디에서고 페인트가 벗겨지거나 떨어져 나간 흔적은 찾을 수 없었다.

하지만 빛이 있으면 그림자도 존재하는 법. 이곳 학생들은 페인트 칠로 인해 새로운 세계를 경험하는 한편 유명세로 인한 후유증도 겪었다. 관광객들이 몰리면서 정상적인 수업 진행이 어려울 지경이 된 것이다. 평일 오전에 가도 학교 주변에는 관광객들의 렌트카가 가득하고, 학교 담장 주변에서는 잘 차려입은 20대 초반으로 보이는 한 무리의 젊은이들이 연신 학교주변을 기웃거리고 사진 찍기에 여념이 없다. 이에 극도로 예민해진 학교측에서는 방과 후와 주말 오후 그리고 방학에만 출입을 허가하고 철저히 관람객들을 통제하고 있다. 이런 사실을 모른 채 평일 아이들 수업시간에 학교에 불쑥 들어가는 사람이 있다면 입구에서 학교 관계자들에게 제지당하면서 이런 말을 들을지도 모른다.

"아이들이 공부하는 데라부난, 방해되지 않도록 저녁이나 방학엘랑 이용해줍서."

간혹 보면 어떤 지자체에서 공공미술이랍시고 건물이나 담벼락에 조잡한 벽화를 그려 넣어 오히려 눈살을 찌푸리게 하는 경우도 있다. 재능 있는 미술가를 섭외할 수 없다면 차라리 더럭분교처럼 주변 환경과 어울리는 색을 입히는 방법이 최선인 것 같다. 물론 전문 컬러리스트들의 조언을 구하면 더 좋은 결과물이 나올 것이고.

학교가 유명해지자 인근의 잘 알려지지 않았던 명소에도 사람들이 몰리기 시작했다. 더럭분교 바로 옆에 3,700평 면적의 연화못이 있어 마을에서 머물다 가기 좋다. 제주도에서 가장 넓은 연못이라고 하는데, 특히 여름에 가면 제철을 맞은 연꽃들로 인해 장관을 이룬다. 게다가 이곳 연잎은 아이 몸통을 통째로 감쌀 정도로 거대해서 빽빽하게 못을 장식하고 있다. 연못 한가운데는 정자가 세워져 있고, 그 사이로 목재 산책로와 공중화장실이 설치되어 느긋하게 노닐다 가기에 좋다.

연화못은 아름다운 풍경 못지않은 재미있는 전설을 품고 있다. 원래 이 연못은 고려 충렬왕때까지 산적들의 집터였단다. 산적들은 연못 한가운데 커다란 기와집을 짓고 살면서 지나가는 행인들을 약탈했는데, 어느 날 신임 판관이 이 마을을 지난다는 정보를 입수한 산적들은 판관 일행을 습격할 음모를 꾸몄다. 마침 마을에 사는 '뚝할망' 이란 노인이 이 사실을 엿듣고 관가에 산적들의 음모를 알렸다. 관군은 마을주민들과 함께 산적들을 소탕하게 되는데 산적들은 보복으로 뚝할망을 죽였다. 이에 관아에서는 할머니의 충성심을 기려 벼슬을 내리고 제주향교의 제신으로 받들었다고 전해지고 있다. 또한 산적들이 살던 기와집을 허물고 그 자리에 연못을 파서 생활용수로 사용하기 시작했다. 그리고 1949년 제방 공사를 실시해 1950년에 완공, 지금의 모습이 되었다고 한다. 연화못 바로 길 건너편에는 창고를 개조해 만든 카페도 있다. 2층에서 통유리로 된 창가에 앉아 연화못을 감상하며 쉬어갈 수 있다.

♥ 애월초등학교 더럭분교 : 제주시 애월읍 하가로 195 (064.799.0515)

● 김녕초등학교 동복분교

총천연색 천국의 아이들

그것은 1132번 도로가 내게 준 뜻밖의 선물 같았다. 제주섬이 온통 푸르렀던 5월의 어느 봄날. 봄 단기방학을 맞은 막내딸 하은이와 렌트카를 타고 김녕해변으로 가기 위해 1132 일주도로를 달리던 중이었다. 순간 도로 왼편에 무지개떡처럼 은은한 파스텔톤이 조화를 이룬 예쁜 건물에 시야에 들어왔다. 더럭분교는 분명히 서쪽 애월읍에 있는데 이건 쌍둥이 건물인가? 호기심이 발동되는 순간 방향을 돌려 일단 마을로 진입했다. 대로도 없고 동사무소도, 구멍가게도 없는 자그마한 마을은 김녕해안에 접해있는 구좌읍 동복리였다. 내로라할 만한 관광지 하나 없는 이 소박한 마을에서 삽시간에 내 시선을 빼앗은 무지개떡 건물은 김녕초등학교 동복분교였다. 이미 유명세를 탄 더럭분교에 비해 규모가 작은 1층짜리 학교건물이지만 아담한 느낌이었다.

모녀는 일단 하르방 한 쌍이 반겨주는 후문을 지나 교정으로 들어섰다. 딸아이가 초등학교 1년인지라 학부모 입장에서 학교를 둘러보고픈 마음도 간절했다. 초여름을 넘나드는 화창한 날씨와 싱그러운 녹음이 학교를 감싼 아름다운 색깔들처럼 진한 향기로 다가왔다. 운동장으로 들어서니 아이들이 삼삼오오 뛰놀고 있었다. 많아봤자 전교생이 스무 명이나 될까? 이런 작은 학교에서는 벨소리 대신 학교종이 땡땡땡 울릴 것도 같은데, 선생님들이 창문을 열고 운동장에서 놀고 있는 아이들에게 "1학년 모이세요! 3학년 들어오세요!" 하며 외치는 게 전부였다.

딸아이와 내가 운동장에 들어서니 아이들의 시선은 순식간에 외지인을 향해 고정되었다. 아이들은 저학년과 고학년 그리고 장애인과 비장애인 구분 없이 한데 어우러져 가족처럼 어울려 놀고 있었다. 서울 같으면 지나가는 아이들에게 길을 물어도 낯선 사람을 경계하고 대꾸도 안할 텐데 이곳 아이들은 쪼르르 몰려와 우리 모녀에게 "어디서 왔느냐, 너는 몇 학년이냐" 이것저것 물어보기 시작했다. 한 치의 경계심도 없이 외지인을 반기는 이들의 모습은 놀라움을 넘어 감동으로 다가왔다. 그러고 보니 제주에 적잖이 다녀갔어도 친척들 외에는 그 안에서 사는 사람들, 특히 아이들이 어떻게 생활하고 있는지는 상대적으로 관심이 없었던 것 같다.

마침 하은이와 같은 1학년 여자아이가 한 명 있는 데다, 스스럼없이 마음을 여는 동복분교 아이들 덕분에 딸애는 아이들과 금방 친해졌고, 그날 우리 모녀는 오후일정을 모두 취소해야만 했다. 아이들은 물어보지 않아도 자기소개는 물론 친구들 이야기, 학교에서 벌어진 많은 이야기들을 쉴 새 없이 늘어놓았다. 학교 운동회 이야기를 꺼내는데 학생 수가 적어 마을주민들이 모두 참여하는 마을축제 분위기라고 한다. 개중엔 제주출신도 있지만 이러저러한 이유로 육지에서 건너온 애들도 있었다.

몇 시간 동안 아이들 노는 모습을 가만히 지켜보니 여기는 소규모 학교라 그런지 선생님들과의 교감이 쉽고 가족같은 분위기가 느껴졌다. 아이들 사이에서도 위계가 전혀 없어 고학년과 저학년이 서로 평등한 관계를 유지하고 요즘 초등학교에서부터 문제가 되는 '왕따' 문화가 이곳에서는 발붙일 수 없을 것 같았다. 게다가 이곳은 학교 주변에 아예 상권이 조성되어 있지 않아 문구점과 분식점을 가려 해도 차를 타고 나가야 할 것 같다.

동복분교는 학교 건물이나 학생수에 비해 운동장이 상당히 넓었다. 제주 여느 학교가 다 그렇지만 대부분 인조잔디가 깔려 있는 서울 학교와는 달리, 천연잔디가 광활하게 펼쳐져 있었다. 딸애가 서울에서 다니는 초등학교는 운동장이 비좁아 운동회도 학년별로 나눠서 해야 하고, 100m 달리기 시합을 해도 운동장을 대각선으로 달려야 했다. 심지어 어떤 학교는 아예 운동장이 없는데 여긴 마을주민들이 모두 모여 운동회를 열어도 공간이 넉넉할 정도다. 그렇잖아도 하은이는 제주 여행을 하다가 초등학교가 보이면 무조건 들어가서 운동장에서 놀이시설을 탐색하는 바람에 여행테마가 '제주초등학교 탐방'처럼 되어버릴 정도였다. 이날도 푸른 잔디 융단이 깔린 광활한 운동장을 딸아이는 자근자근 밟고 돌아다녔다.

무엇보다도 제주는 집이나 학교에서 조금만 벗어나면 근처에 바다며 숲이며 오름이 즐비하다. 자연과 벗삼아 뛰어놀 곳이 무궁무진하다. 아마 이런 연유로 요즘 너도나도 제주에 교육이민을 오는 가족들이 많다. 나 역시 작은 학교에서 물만난 고기처럼 뛰놀고 있는 딸애를 보며 여러 가지 상념이 뇌리를 스치고 지나갔다. "우리 가족도 이참에 제주이민을?" 하는 생각이 고개를 들다가도 이러저러한 걸림돌들 때문에 결국 마음 한구석 이루지 못할 꿈으로 남겨놓기로 했다.

어느덧 하오의 햇살이 그림자를 길게 늘이고 우리도, 그곳 아이들도 마냥 학교에서 놀 수만은 없었다. 우리는 차에 싣고 온 간식거리를 모두 아이들에게 나눠주고 친구들과 다음을 기약하면서 몇 번이나 작별인사를 하고 헤어졌다. 짧은 만남, 긴 이별이었다.

그리고 몇 개월 후, 가을 단기방학을 맞아 또 다시 하은이와 함께 제주로 갔다. 우리는 다시 한 번 동복분교를 찾았다. 딸애가 지난번 아이들과 꼭 다시 오기로 약속했다며 꼭 가야 한다고 신신당부한 것도 있었고 나 역시 아이들이 보고 싶었다. 지난 봄에 그랬던 것처럼, 맑고 푸른 가을 하늘 아래 학교를 감싼 색채는 선명하고 눈부셨다. 학교는 열려 있었지만 주위는 조용했고 운동장도 텅 비어 있었다. 동복분교도 마침 가을 단기방학 중이었다. 가장 실망한 건 딸애였지만 나 역시 허전한 마음을 감출 길 없어 우리 모녀는 하염없이 지난번 오래 머물렀던 운동장에 멍 하니 서 있었다. 무지개떡 빛깔의 학교나 잔디 깔린 널찍한 운동장 모두 그대로인데 아이들 웃음소리가 사라진 학교는 너무 쓸쓸하고 허전했다. 결국 우리는 10분도 안 되어 적막한 교정을 떠나야만 했다. 그제야 느꼈다. 아무리 현란하게 색을 입히고 단장을 해도 아이들이 없는 학교는 적막강산에 지나지 않는다는 사실을.. 다음번에 이 작은 학교에 다시 올 기회가 있으면 하오의 햇살처럼 해맑게 웃던 아이들의 얼굴을 다시 볼 수 있기를 희망하며 걸음을 옮겼다.

구좌읍 동복리는 한적한 어촌마을로 제주도 동쪽을 여행하는 사람들이 그냥 스쳐지나가는 작은 마을이다. 동복분교는 전교생 20명이 채 못 되는 자그마한 시골학교 분위기다.

더럭분교가 2011년 대기업에 의해 새 옷을 입었다면 동복분교는 2013년 제주대학교 학생들이 '색으로 입히는 아름다운 상상' 이라는 주제로 벽화봉사활동을 한 것이다.

낡고 페인트가 벗겨져 우중충한 학교 외벽에 알록달록 예쁜 색을 입혀 마을에 활력을 불어넣은 점, 유사한 건물 색감이 더럭분교를 벤치마킹하지 않았나 싶을 정도로 흡사했다. 그 덕분에 아이들은 예쁘게 변신한 학교에서 더욱 즐겁게 공부하고 예전엔 그냥 지나

제주 서쪽 해안가 곽지과물해변 근처의 농촌마을 하가리에는 알록달록 무지개꿈을 품은 애월초등학교 더럭분교(위)가 있다.
더럭분교가 대기업 광고 덕분에 새 옷을 입었다면, 동쪽 해안가의 김녕초등학교 동복분교(아래)는
제주대학교 학생들의 벽화봉사활동 덕분에 탄생했다.

쳤을 법한 국도변에 놓인 이 마을에 관광객들이 하나둘씩 모이기 시작했다. 아직은 더럭분교에 비해 세인들에게 많이 알려지지 않아서 그런지 동복분교에는 사람들이 몰리지 않아 홀가분한 기분으로 구경할 수 있다. 학교 인근에는 상점이나 카페, 공중화장실 등 관광객을 위한 편의시설이 전혀 없는데 이렇게 관광지스럽지 않은 한적한 시골마을 분위기가 한층 더 매력적으로 다가온다.

♥ 김녕초등학교 동복분교 : 제주시 구좌읍 동복로 66-5 (064,783,5306)

● **김녕금속공예벽화마을 : 마을 속 숨은그림 찾기**

에메랄드 물빛이 유난히 아름답기로 소문난 제주 동쪽 김녕해변. 이곳에는 최근 새로운 명소로 뜨고 있는 김녕금속공예벽화마을이 있다. 흔히 벽화마을이라고 하면 마을 담장에 형형색색 산뜻한 그림을 그려넣는 것을 연상하겠지만 이 마을의 벽화는 재료부터 다르다. 제주올레 20코스가 시작되는 김녕마을 골목부터 성세기 해변에 이르는 3km 구간에 해녀와 바다, 돌고래 등 제주 바다를 소재로 한 금속 벽화작품 28점이 곳곳에 숨어있다. 막상 마을로 진입하면 딱히 이정표가 없어 어디가 시작이고 끝인지 알 수 없지만 골목 구석구석 걷다 보면 집, 대문, 창고, 담장벽 등에 숨은그림 찾기 하듯 벽화를 찾아야 한다.

요란하지 않은 금속재질의 벽화들은 눈부시게 푸른 김녕 바다와 잘 어우러지면서 은은한 세련미를 발산한다.

벽화들은 마을사람들이 그린 게 아니라 김녕리에 입주한 문화예술단체 '다시방 프로젝트'의 작품이다. 마을재생사업 차원에서 동네 곳곳에 시범삼아 공예작품을 설치해 놓았는데 반응이 좋아서 2014년 10월 ~ 2015년 3월에 걸쳐 작가 20여 명을 모집해 'GNG 아트빌리지 고장난 길' 프로젝트를 통해 더 많은 작품을 선보였다.

해녀들이 많이 사는 동네 특성상 해녀를 주제로 한 작품들이 많다. 그중 어린아이를 두고 일터로 가야만 하는 해녀엄마의 애환을 그린 〈섬집아이〉와 해녀의 얼굴과 '이어도사나' 노랫말을 접목한 김선영의 〈그래도 노래를 불렀네〉가 눈길을 끈다.

벽화마을의 끝자락이자 시작점이 되는 다시방 공예방은 작가가 직접 만든 공예품도 팔고 커피도 파는 카페를 겸하고 있다. 아쉽게도 오전에 갔을 땐 문이 잠겨 있었는데, 오후 나지막한 시간에 가서 차를 마시며 김녕 바다를 하염없이 구경하는 것도 좋겠다.

전국에서 유일한 금속공예를 테마로 한 벽화마을이라는 김녕 해안가 마을. 언젠가 다시 찾을 때는 또 어떤 작품들이 새로 선보일지 벌써부터 궁금해지기 시작한다.

♥김녕금속공예벽화마을 : 제주시 구좌읍 김녕리 4001 (김녕로 1길부터 21길까지)

제주를 사랑하는
3단계 방법

외가가 제주라는 사실은 유년시절의 내겐 여러모로 특권이었다. 매년 겨울 제주 친척분들이 박스째 보내주신 (그 시절 바나나만큼 귀했던) 감귤을 손끝이 노래질 정도로 까먹는 즐거움은 기본이고, 나는 초등학교때 제주도에 가 본 것은 물론 우리 반에서 비행기를 타본 유일한 아이였다.

하지만 외가는 너무 멀었다. 비행기를 타야 하는 물리적 거리도 그렇고 풍습, 기후, 말씨, 인식의 차이 등 서울 본가와는 크나큰 정서적 괴리감도 있었다.

철이 들면서 내게 외할머니가 세 분이라는 사실과 성이 다른 삼촌과 이모들이 존재하는 등 육지와 다를 수밖에 없던 외가의 삶의 방식도 이해하게 되었다. 제주사람이면 대부분 피할 수 없었던 4.3의 그늘이 외가에도 스며있다는 사실도 알게 되었다.

프랑스의 저명한 영화감독 프랑수아 트뤼포의 말[25]을 살짝 비틀자면, 제주를 사랑하는 3단계 방법은 다음과 같은 것일지도 모른다. 첫 번째는 제주를 자주 방문하는 것이고, 두 번째는 제주에 관한 글을 쓰는 것, 그리고 세 번째는 제주에 아예 이주하는 일일지도. 나의 경우는 제주를 사랑하는 방법 중 두 번째 단계에 해당될 것이다. 오래 전부터 제주 이민을 꿈꿨지만 결국 몇 번의 머뭇거림과 치솟는 땅값으로 인해 지금은 "내가 실현하지 못한 미완(未完)의 프로젝트"로 남겨둔 셈이다. 하지만 한때 열렬히 사랑했던 대상도 일상이 되면 애정이 식듯이, 제주 역시 거리를 두면서 아련한 '향수'로 남기기로 했다. 밀란 쿤데라에 따르면, 결국 향수는 "익숙한 것에 대한 무지상태로부터 파생하고 그것을 가능하게 하는 것은 '우리 삶의 상대적인 짧음'에 연유하기 때문에" 어린 시절 신기하고 독특한 체험의 장이었던 '제주'로 남기고자 한다. 최근 개발붐으로 인해 어릴 적 봤던 모습과 갈수록 멀어져가는 풍경에 대한 안타까움과 분노 역시 무시할 수 없는 변수였다.

제주에 관한 책을 준비 중이라는 말을 꺼냈을 때 주변인들의 반응은 "왜 하필 제주?"였다. 제주를 테마로 한 책들이 서점에 한 달

---

25 프랑수아 트뤼포는 영화를 사랑하는 세 가지 방법을 이야기했다. 첫 번째, 같은 영화를 두 번 보는 것. 두 번째, 영화에 대한 글을 쓰는 것. 그리고 세 번째, 영화를 만드는 것.

간격으로 여러 권씩 선보이고 제주 여행서적은 이미 포화상태를 이루고 있기 때문이다. 그래도 나만이 할 수 있는 애깃거리가 분명 존재할거란 믿음으로, 제주에 산재한 뮤지엄을 테마로 운을 띄웠다. 결국 나의 유년시절 경험담과 가족사에 대한 이야기를 비롯해 제주의 역사, 문화, 예술 등이 씨줄과 날줄처럼 얽히고설킨, 살짝 무거운 성격의 책이 되어버리고 말았다. 일제강점기 시절 제주민의 고통과 4.3을 테마로 한 뮤지엄들도 다루다 보니 애초에 가벼운 여행서를 염두에 두고 읽는 분들께 무겁고 비장하게 다가가는 건 아닌지 우려도 된다. 하지만 제주를 사랑하는 분들이라면 관광과 힐링의 섬 이면에 감춰진 제주가 안고 있는 생채기 또한 함께 보듬어주실 거라고 감히 생각한다.

책을 준비하는 동안, 육신은 대부분 서울에 있었지만 마음만은 오롯이 제주에 전념할 수 있어 행복한 나날들이었다. 특히 제주 친척분들이 물심양면 도움을 많이 주셨다.

제주 토박이로 제주의 변천사 및 가족사를 구술로 잘 전달해주신 애월읍 현금하 삼촌과 집안에서 유일하게 4.3을 목격하시고 당시 외가에서 벌어졌던 일을 생생하게 기억해내어 조카에게 전달해주신 현정자 이모, 내게 늘 숙소를 제공하며 반겨주신 용강동 중산간마을의 손종익 삼촌. 무엇보다도 내게 제주인의 DNA를 물려주시고 태생적으로 제주와 뗄 수 없는 '끈'을 만들어주신 외조부고 현상학 할아방과 치매로 인해 제주도립요양원에서 생활하시는 외조모 김자옥 할망 그리고 어머니 현애자 여사께 감사드린다. 이 책은 과거 '척박함'의 대명사 격이었던 제주를 일군 외가 친척들과 제주인들에게 바치는 헌사이다. 끝으로, 이 책이 세상에 나올 수 있게 만들어주신 송현옥 편집장님께도 감사드린다.